新型职业农民培育系列教材

奶牛良种繁育新技术

王伟华　脱征军　蔡志斌　主编

U0306226

中国农业科学技术出版社

图书在版编目（CIP）数据

奶牛良种繁育新技术／王伟华，脱征军，蔡志斌主编．—北京：中国农业科学技术出版社，2017.5

ISBN 978 - 7 - 5116 - 3052 - 0

Ⅰ. ①奶… Ⅱ. ①王…②脱…③蔡… Ⅲ. ①乳牛 - 良种繁育 Ⅳ. ①S823.93

中国版本图书馆 CIP 数据核字（2017）第 085724 号

责任编辑　白姗姗
责任校对　马广洋

出 版 者　中国农业科学技术出版社
　　　　　　北京市中关村南大街 12 号　邮编：100081
电　　话　（010）82106638（编辑室）　　（010）82109702（发行部）
　　　　　　（010）82109709（读者服务部）
传　　真　（010）82106650
网　　址　http://www.castp.cn
经 销 者　各地新华书店
印 刷 者　北京富泰印刷有限责任公司
开　　本　850mm ×1 168mm　1/32
印　　张　6.75
字　　数　163 千字
版　　次　2017 年 5 月第 1 版　2017 年 5 月第 1 次印刷
定　　价　28.00 元

目　　录

第一章　奶牛业发展概况

第一节　我国奶牛业发展历史

中国是世界最早驯化饲养牛、马、羊等奶畜的国家之一。新石器晚期即产生了原始畜牧业。到夏商春秋时代，已经出现畜牧业管理机构，有了最早的"国家畜牧局"和"国家兽医师"的职官建制暨"牛臣""刍正""牧人""牧师""巫马""牛人""羊人"等。

北方和西南少数民族，数千年传承饮食奶制品的风俗，我国人民食用的奶制品不是"舶来品"，也不是"洋奶"；战国秦汉时期，随着民族间的交流和融合，饮食奶制品的习俗传至长江流域。关于"牛乳"记载最早出现在秦代。据记载，秦末（公元前206年）佛教经典《大智度论》见有"牛乳"两字；西汉帝时（公元前170年）已生产牛奶酒；汉宣帝时，出现了"养羊酤酪"的羊奶专业户；东汉时期（公元25—200年）文献中常出现"酪"字。

古代的奶制品主要有酪、酥、湩、醍醐、奶酒等。

酪：东汉许慎《说文图字》解释"酪"为"乳浆也"，或"酪浆"。《文选·汉李文卿（陵）答苏武书》说："羶肉酪浆，以充饥渴"，可见，在古代"酪"即指奶汁，后来常指各种奶制品。

在特定的语境场合，"酪"系指奶发酵而成的一种半流质的软品，人们习惯称为"奶酪"或"乳酪"。北方少数民族习惯"食肉饮酪""以肉酪为粮"。汉代《乌孙公主歌》中有"肉为食兮酪为浆"。《后汉书·乌桓传》记载，乌桓人有发达的畜牧业，逐水草而居，过着游牧生活。以肉为食、以酪为饮，以皮毛为衣、以穹庐为房舍。

酥、醍醐：在汉代的奶制品中，奶经发酵而制成者为酪，酪之上者为酥，酥之精者为醍醐。可见，醍醐是最高级的奶油制品，是酥酪上凝聚的油。东汉《说文图字》，醍醐，酪之精者也"。

醍醐：酥酪上凝聚的油。用纯酥油浇到头上，佛教指灌输智慧，使人彻底觉悟。比喻听了高明的意见使人受到很大启发。也形容清凉舒适。"醍醐灌顶，茅塞顿开"。

湩：在秦汉时期的文献中，湩也指奶汁。有时专指马酪，它是一种由马奶发酵而成的酒。东汉的应劭称：今梁州亦名马酪为马酒。

唐代的汗颜师古称：马酪味如酒，而饮之也可醉，古呼马酒也。马奶酒——西汉汉武帝时盛行。

魏晋南北朝至隋唐宋辽金元各朝，北方少数民族政权先后入主中原，使用奶制品进入兴盛时期。西晋（公元265—316年）奶酪除食用外，还用于祭祀；北魏（公元386—534年）《齐民要术》已记载有"作酪法""作干酪法""作漉酪法""作马酪酵法"和"抨酥法"；《魏书·王琚转》（公元351—354年）记载有"常饮牛乳色如处子"。

唐朝（公元618—907年）使用乳制品已较普遍，《晋书》（公元644—646年）中已有"乳酪养性"之说；宋朝（公元960—1279年）官府设有"牛羊司"和"乳酪院"，据《金史》记载，天会前期（公元1123年）丰州城（今呼市）内的酪巷，即专供制作和经营乳类食品；元朝（公元1254—1324年）蒙古骑兵已带干制乳品充作军粮；明清时期，由于我国人口增加较快，大规模垦荒种田，奶畜饲养数量下降，使用奶制品习俗逐渐消退，开始把奶制品当成药补食品，成为专供老幼病弱者的专用补品；明代《本草纲目》对各种乳的特性与医药效果均有详细阐述，"羊奶甘温无毒，补寒冷虚之，润心肺、治消渴，疗虚痨，益精气，补肺肾气和肠气"。

《食医心鉴》：羊奶"益肾气、强阳道，对体虚之人，无论何种病症皆宜"；《饮膳正要》：羊奶粥"温补肾阳，主治病后阳痿"；并记载有制作"醍醐"（即黄油）方法；据清嘉庆元年（公元1796年）邓川志记载"凡家喂四头牛做乳扇二百张，八口之家足资俯仰矣"。

我国养牛挤奶历史起始于19世纪中叶。1840年（鸦片战争）以前我国从英法等国引进荷兰牛、娟姗牛、爱尔夏牛，但为数较少。1840年鸦片战争后，西方列强入侵我国，沿海城市涌入许多外国侨民，先后把西洋奶牛引进了我国各地。1842年，黑白花奶牛引入厦门、泉州、福州，这是西方奶牛传入我国的最早记载。随着中国的被入侵，外国商人和传教士带进的乳牛逐渐增多。据1860—1878年间文献记载，法国侨民和传教士曾带入一批法国黑白花奶牛，随后英国侨民分批运入英国爱尔夏牛。

1870年，上海出现牛奶市价记录，每10啤酒杯牛奶1银元。1878年后，上海浦东开始用引进的黑白花奶牛与黄牛杂交。南京出现黑白花乳牛开始于1879年，由加拿大籍传教士马林携入。1880年英商艾文氏首批引入荷兰牛到上海。1897年前后修筑中东铁路时期，俄国人曾引进多批乳牛。19世纪末，外国传教士带乳牛到天津，日俄侨民引数十头乳牛到大连。昆明地区在光绪末年由法国传教士从英国引进荷兰黑白花奶牛。

19世纪末20世纪初，我国民间饲养乳牛逐渐增多。19世纪中期以来，乳制品发生了巨大变迁。"旧时王谢堂前燕"，逐渐"飞入寻常百姓家"。奶制品也由神圣的祭品、皇家的贡品、贵族的礼品、待客的上品、珍奇的药品、特殊人群的补品演变成了一种融入了当代科学技术、营养知识及商业广告等多种元素的大众食品。

奶的营养丰富，是哺乳动物及人类第一口食物。民以食为天，食以奶为先。西方盛传的一个说法：上帝给人类两大恩赐，一个是豆科植物；另一个是反刍动物。

牛，吃的是草，挤出的是奶。奶牛是消耗粮食最少、饲料报酬最高的家畜。它能将饲料中能量的 20%、蛋白质的 35% 转化到奶中。用同样饲料饲喂奶牛获得的动物蛋白质至少高出养猪 2 倍。

第二节　国内外奶牛业发展概况

一、国际奶牛业概况

据中国畜牧业统计数据表明，2010 年世界奶畜总数 7.3 亿头，奶类总产量 7.21 亿吨，见下表，人均鲜奶占有量约 100 千克。其中，奶牛存栏 2.65 亿头（图 1-1），牛奶产量 6 亿吨。国际牧场联盟（IFCN）2013 年会上公布，全球约有 1.45 亿个奶牛养殖场（户），全球平均每年新增乳品需求约为 2 000 万吨。

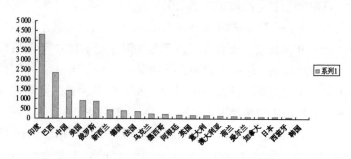

图 1-1　世界主要奶牛养殖国家奶牛存栏柱形图

表　2009 年世界主要国家奶类生产情况

（单位：万吨、%）

位次	国名	产量	占总产量比例
	全球	69 337.76	
1	印度	11 004	15.87
2	美国	8 585.94	12.38
3	中国	3 743.63	5.39
4	巴基斯坦	3 436.2	4.96
5	俄罗斯	3 256.17	4.7
6	德国	2 869.13	4.14
7	巴西	2 771.59	4
8	法国	2 421.77	3.49
9	新西兰	1 521.68	2.19

二、奶牛业发展趋势

奶牛养殖数量逐年下降，牛奶产量稳步上升。比如美国，从 1997 年到 2010 年，牛奶产量从 7 080 万吨增加到 8 746 万吨，增长了 23.5%，但奶牛存栏从 925 万头下降到 912 万头，减少了 1.4%。

科技贡献率高。科技贡献推动奶牛养殖业迅猛发展，欧美等国奶业科技贡献率达 70%～80%的水平。

节能减排和综合治理，实现资源综合利用和生态环境保护。如美国从 1944 年到 2007 年，牛奶总产量增加了 3 000 多万吨，但奶牛数量、饲料用量、土地用量、粪污排放量和碳排放量，只有原来的 21%、23%、10%、24%和 37%。

牛奶消费以巴氏奶为主。世界 90%以上国家都以巴氏鲜奶消费为主，所占比重超过 80%。巴氏奶是利用鲜牛奶做原料，利用巴氏消毒法（牛奶巴氏消毒法是法国人巴斯德于 1865 年发明），即 72 ~ 75℃下加热 10 ~ 15 秒，杀灭有害的微生物。既有效实施了灭菌，又有效减少了营养物质的破坏和损失，最大限度地保留了生乳的风味和活性，也称为"鲜牛奶"。

巴氏灭菌法与 UHT 灭菌相比：乳清蛋白变性率、可利用氨基酸损失率、维生素 C 损失率、氨基酸损失率分别低 56、2、5.3 和 24 个百分点。因此，从风味和营养而言，巴氏鲜奶最接近生乳，备受消费者青睐。

发展巴氏奶的优缺点如下。

优点：有助于推动奶源基地建设；有助于推进标准化养殖；有助于提升加工、贮藏与运输水平；有助于提升奶业一体化程度；发展巴氏鲜奶有助于资源节约、环境友好和提高国际市场竞争力。

缺点：与超高温灭菌（UHT）奶相比，要求有完善的冷链体系；保质期较短；不适宜远距离运输。

由奶牛业发展趋势来看，未来奶牛养殖要以优质安全生鲜乳为目标，以追求奶牛优质高产和长寿为育种方向，依靠科技进步，立足生态环保，以高效无公害饲料生产与饲养为突破口，实现奶牛养殖业高效生态环保可持续发展。

三、我国奶牛业发展现状

我国是世界奶牛存栏最多的国家之一，2000 年以来进入快速发展时期。2013 年我国奶牛存栏 1 494 万头，牛奶产量 3 531 万吨，同比下降 5.7%。奶牛存栏居世界第 4，牛奶产量位居第 3。奶牛存栏前 5 位的是内蒙古自治区（以下简称内蒙古）、黑龙江、河北、新疆维吾尔自治区（以下简称新疆）和山东。牛奶产量前 5 位的是内蒙古、黑龙江、河北、河南和山东。人均占有量前 5 位的是内蒙古、宁夏回族自治区（以下简称宁夏）、黑龙江、西藏自治区（以下简称西藏）和河北。宁夏奶牛存栏和牛奶总产量均居全国第9位。成母牛年均单产5 500千克,人均奶类消费量32.4千克,不到世界平均水平的1/3。

四、宁夏奶产业在全国的地位与现状

宁夏位于北纬35°14~39°23,东经104°17~107°39,处在中国西部的黄河上游。宁夏平原平均海拔1 100~1 200米,年降水量200毫米左右,平均气温为8.6℃,日照充足,空气干燥,温度适中,是我国最适宜养殖奶牛的地区之一。宁夏是农业部确定的全国奶牛优势区,奶产业是自治区农业五大优势战略性主导产业之一。

(一)奶牛养殖业现状

"十一五"以来,宁夏奶牛养殖业步入快速发展期。2013年奶牛存栏52万头、牛奶产量157万吨,同比分别增长4.4%和7.5%,居全国第九。人均鲜奶占有量约245千克,居全国第二位。全区成母牛年均单产6 800千克,居全国第四,比2012年提高100千克,较全国2012年平均水平高1 300千克。全区奶牛养殖户由18 205户减少到16 182户,减少11.2%。规模养殖比例由65%提高到70%,成母牛比例由45%提高到47%,养殖规模和牛群结构进一步优化。全区存栏奶牛100头以上的奶牛场共有352个。其中,专业养殖场121个、奶企自建33个、专业合作社101个、其他97个。存栏300头以上的237个,其中,1 000头以上44个。存栏100~200头的99个,存栏200~300头的16个。随着奶牛养殖规模化、集约化的快速发展,奶产业集群逐步形成。

(二)乳制品加工生产情况

全区现有乳品企业20家,年加工能力195万吨。其中,日加工处理鲜奶能力200吨以上,产值过亿元的企业9家。

2013 年实际加工生鲜乳 141 万吨，生产液态奶 67 万吨，乳饮料 4.6 万吨，酸奶 2.2 万吨，奶粉 2.4 万吨，干酪素等 0.66 万吨。形成了以蒙牛、伊利、夏进为主的高端液态奶加工基地，以塞尚、亿美为主的特色乳品加工基地和以恒枫、明旺为主的优质奶粉加工基地。

第三节　奶牛品种

牛在动物分类学上的地位是：脊索动物门（Chordata），脊椎动物亚门（Vertebrata）；哺乳纲（Mammalia），单子宫亚纲（Monodelphia）；偶蹄目（Artiodactila），反刍亚目（Ruminatia）；牛科（Bovidae），牛亚科（Bovinae）。

牛亚科以下又分为：牛属（*Bos*）和水牛属（*Bubalus*）。牛属动物包括普通牛、瘤牛、牦牛、野牛等牛种。水牛属包括两个野生种，一种是非洲野水牛，另一种是亚洲野水牛。非洲野水牛尚未驯化。当今各地饲养的家水牛，是由亚洲野水牛驯化而来，统称为水牛种（*Bubaus bublis*）。

按经济用途对普通牛进行分类可分为乳牛、肉牛、肉乳或乳肉兼用牛、肉役或役肉兼用牛。而全球分布较广的奶牛品种主要有荷斯坦、娟姗等几个品种。

一、荷斯坦（Holstein）

荷斯坦牛全称为荷斯坦——弗里生牛（图 1 - 2），是 Holstein - Friesian 的音译名称，以前称荷兰牛，因毛色为黑白相间的花块，又称黑白花（奶）牛。19 世纪七八十年代，输出到世界各国，经过多年培育，形成了以各国国家名称冠名的荷斯坦牛品种。荷斯坦牛以产奶量高、适应性广而著称。风土驯化能力强。耐寒，但耐热性较差。对饲料条件要求较高。荷斯坦牛对热带、亚热带的气候条件适应能力较差，而炎热地区的荷斯坦牛能较好地适应热带、亚热带地区夏季的气候。

图 1 - 2　荷斯坦牛（Holstein）

二、红白花奶牛（Red and White）

红白花奶牛（图 1 - 3）源自黑白花奶牛，20 世纪 40 年代以前，偶尔在黑白花奶牛群中出现，不受欢迎不被登记，1964 年美国红白花奶牛协会成立，1971 年加拿大允许红白花奶牛注册登记，1974 年美国农业部承认红白花为一个品种。

图 1 - 3　红白花奶牛（Red and White）

三、娟姗牛（Jersey）

娟姗牛（图1-4）属小型乳用品种，原产于英吉利海峡南端的娟姗岛（也称为哲尔济岛），其育成史已不可考，有人认为是由法国的布里顿牛（Brittany）和诺曼底牛（Normondy）杂交繁育而成。

娟姗牛体型小，清秀，轮廓清晰。头小而轻，两眼间距宽，眼大而明亮，额部稍凹陷，耳大而薄，鬐甲狭窄，肩直立，胸深宽，背腰平直，腹围大，尻长平宽，尾帚细长，四肢较细，关节明显，蹄小。乳房发育匀称，形状美观，乳静脉粗大而弯曲，后躯较前躯发达，体型呈楔形。

娟姗牛的最大特点是乳质浓厚，单位体重产奶量高，乳脂肪球大，易于分离，乳脂黄色，风味好，适于制作黄油，其鲜奶及奶制品备受欢迎。

图1-4　娟姗牛（Jersey）

四、爱尔夏牛

爱尔夏牛（图1-5）原产英国爱尔夏。该牛种最初属肉用，1750年开始引用荷斯坦牛、更赛牛、娟姗牛等乳用品种杂交改良，于18世纪末育成为乳用品种。被毛白色带红褐斑。

角尖长，垂皮小，背腰平直，乳房宽阔，乳头分布均匀。成年公牛体重约800千克，母牛约为500千克。耐粗饲，易肥育。年产乳3 500～4 500千克，乳脂率3.8%～4.0%，脂肪球小。广布世界各国。

爱尔夏牛以早熟、耐粗，适应性强为特点，先后出口到日本、美国、芬兰、澳大利亚、加拿大、新西兰等30多个国家。我国广西壮族自治区、湖南等许多省（区）曾有引用，但由于该品种有神经质，不易管理，如今纯种牛已很少。

图1-5 爱尔夏牛（Ayrshire）

五、更赛牛（Guemsey）

更赛牛（图1-6）原产英吉利海峡的更赛岛，是英国的古老品种，含诺曼底牛的基因比例大。1877年成立品种协会，1878年开始改良登记。头小，额窄，角较长，向上方弯，颈长而薄，体躯较宽深，后躯发育良好，乳房发达，毛色浅黄为主，有浅褐的个体，额、四肢、尾帚多为白色，鼻镜淡红色。平均单产3 500～4 500千克；乳脂率4.4%；适应性能良好，遗传稳定，抗病力强。

六、瑞士褐牛（Brown Swiss）

瑞士褐牛（图1-7）原产于瑞士阿尔卑斯山区，主要在瓦莱斯地区。由当地的短角牛在良好的饲养管理条件下，经过长

图 1 - 6　更赛牛（Guemsey）

时间选种选配而育成。被毛为褐色，由浅褐、灰褐至深褐色，在鼻镜四周有一浅色或白色带，鼻、舌、角尖、尾帚及蹄为黑色。头宽短，额稍凹陷，颈短粗，垂皮不发达，胸深，背线平直，尻宽而平，四肢粗壮结实，乳房匀称，发育良好。产奶量为 2 500 ~ 3 800 千克，乳脂率为 3.2% ~ 3.9%。美国于 1906 年将瑞士褐牛育成为乳用品种，1999 年美国乳用瑞士褐牛 305 天平均产奶量达 9 521 千克（成年当量）。

图 1 - 7　瑞士褐牛（Brown Swiss）

第二章 奶牛育种基础工作

第一节 奶牛谱系与育种记录的建立

一、谱系的建立

每头奶牛都应有谱系记录，谱系上主要登记的内容除包括母牛号、良种登记号、登记日期、牛的品种、来源、出生日期、出生地、出生重、毛色特征、所在牛场及编号等基本情况外，还应记录父母及三代血统情况、个体各阶段生长发育情况（体尺、体重记录）、各胎次生产性能测定结果。

二、育种记录

育种记录是奶牛育种工作的基础，各项测定和记录方法如下。

（一）生产性能记录

包括产奶量和乳成分的测定与记录。

（1）产奶量测量。对牛个体产奶量的测定要以牛场（牛群）为单位，按月进行。每个月测定一次，两次测定的间隔时间不少于 26 天，不能长于 33 天。

每次由专职监测人员对牛场正在产奶的全部奶牛进行 24 小时的产奶测定。产犊翌日作为泌乳期的开始，例如，25 日产犊，26 日为泌乳期开始日期。产犊后泌乳期开始的前 6 天不测定奶量，第 7 天开始可以测定，并可采集奶样。

（2）乳成分测定。监测人员在测定产奶量的同时，采取牛奶样品，然后集中送到牛奶分析室，由专人进行分析。通常应测定牛奶中的脂肪、蛋白、乳糖和体细胞计数，通过奶中体细胞数量的多少可以查出该牛是否患有隐性乳房炎。

（二）配种繁殖记录

主要包括母牛号、与配种公牛号、交配日期、配种次数与方法、预产日期、实产期、怀孕天数；出生小牛毛色、体重、性别、编号等。此外，进行胚胎移植的母牛，还应记录胚胎及移植的情况、移植的日期、产犊日期及产犊情况等。

（三）体尺、体重的测量与记录

在母牛的出生、6月龄、12月龄、18月龄和各胎次的产后（60~90天）各进行一次体尺、体重的测量与记录，测量体尺的工具有卷尺、测杖、圆形测定器等，测量体重应使用地磅秤量。具体测量项目如下。

（1）体高。鬐甲到地面的垂直距离，测杖量取。

（2）十字部高。两侧腰角连线与背线交叉点到地面的垂直距离，测杖量取。

（3）体斜长。肩端至坐骨端的距离，可用测杖或卷尺量取，用卷尺量取时应注明。

（4）胸围。肩胛骨后缘躯干的周长，卷尺量取。

（5）管围。管部上1/3处（即管部最细的位置）周长，卷尺量取，并注明前管围或后管围。

（6）坐骨端宽。两侧坐骨端外缘间的距离，圆形测定器量取。

（7）腰角宽。两侧腰角外缘间的距离，圆形测定器量取。

（8）尻长。同侧腰角与坐骨端间的距离，圆形测定器或测杖量取。

（四）体型评分记录

按中国奶业协会指定的奶牛体型线性评定法对个体牛进行线性鉴定，并将评分结果填入评分表和奶牛谱系中。具体评定方法见附录。

（五）兽医诊疗记录

包括繁殖疾病，乳房疾病和其他疾病，记录其发病日期、诊断日期、病因病况、临床表现、病理解剖、治疗方法及结果等。

（六）饲养记录

记录犊牛、育成牛、初孕牛、产乳牛每月、每年实喂的饲料（包括喂奶量）种类和喂量，对育种和饲养工作均可提供可靠的参考依据。饲料种类及喂量必须如实记录。

（七）牛群周转记录

为便于考察和总结经验，奶牛场必须每天如实地记录牛群变动、转群、调出、调入、死产及出售等况。

第二节　奶牛品种登记

一、品种登记的概念及必要性

品种登记是将符合品种标准的牛登记在专门的登记簿中或特定的计算机数据管理系统中。是奶牛品种改良的一项基础性工作，其目的是要保证荷斯坦奶牛品种的一致性和稳定性，促使生产者饲养优良奶牛品种、保存基本育种资料和生产性能记录，以作为品种遗传改良工作的依据。对奶牛进行品种登记，便于统一管理，为实施奶牛生产性能测定和良种登记奠定基础，为政府部门的宏观决策提供依据。国内外的奶牛群体遗传改良实践证明，经过登记的牛群质量提高速度远高于非登记牛群，因此，系统规范的品种登记工作是奶牛生产性能测定的基础，而完整的生产性能测定记录又是奶牛品种登记的数据支撑。

二、品种登记的条件

根据系谱凡符合以下条件之一者即可申请登记。

（1）双亲为登记牛者。

（2）本身已含荷斯坦牛血液87.5%以上者（图2-1）。

（3）在国外已是登记牛者。

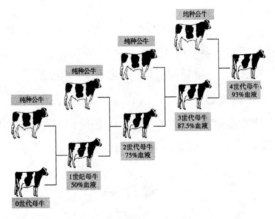

图2-1　含荷斯坦奶牛血液示意

三、品种登记的办法

（1）在农业部畜牧业司和全国畜牧总站指导下，由中国奶业协会承担中国荷斯坦奶牛品种登记工作。

（2）犊牛出生后3个月以上即可申请登记，对奶牛统一编号，按照统一的系谱卡片将奶牛的出生日期、牛只编号、血缘关系、双亲生产性能记录、个体生长发育情况、体型线性鉴

定成绩、牛只生产性能记录、繁殖性能和防疫检疫记录等内容
进行登记。

（3）牛只登记是终生累积进行的过程，登记牛还要对其
以后新产生的生产性能记录不断地进行补充记录。

（4）登记工作可使用中国奶业协会设计的"中国荷斯坦
母牛品种登记表"和中国奶牛数据处理中心开发的"中国荷
斯坦奶牛品种登记系统"进行，软件可以从中国奶业协会网
站下载，根据地方需要，中国奶牛数据处理中心可提供培训。

（5）各省（市、区）将登记牛只资料收集整理后，定期
通过网络传送到中国奶业协会中国奶牛数据处理中心。

（6）每年年底中国奶业协会向全国畜牧总站报送登记牛
的资料和统计信息，经审核后由农业部畜牧业司公布。

（7）登记牛转移时需通过当地奶业（奶牛）协会，办理
转移手续，并变更其记录。

四、奶牛编号与标识

（一）标识的意义与必要性

奶牛品种登记及改进牛群遗传品质，必须准确的识别每一
头牛。这可以保证牛群改良和奶牛群管理工作的正常进行。因
此，每头牛均需编制一个号码即牛号，用来制定牛群饲养管理
计划，确定饲料定量、分群、转群、死亡、淘汰，牛群年度产
奶计划，繁殖配种计划、卫生防疫、疫病防治、谱系的记录
等。此外，公牛的后裔测定、牛的良种登记、赛牛会、拍卖会
等也需要用牛号来区别。

（二）牛号编写的要求

牛号包含的内容、信息应全面、简便易行、便于使用，在
一定的历史阶段内，不宜随便变动，以保持牛号的连续性。在

一定的时间内、一定的范围内不应出现重号。

(三) 牛只编号办法

2006 年中国奶业协会在以往编制牛号的基础上制定了新的牛只编号办法。牛只编号全部由数字或数字和阿拉伯字母混合组成。通过牛号可直接得到牛只所属地区、出生场和出生年代等基本信息。牛只编号具有唯一性，并且使用年限长，保证100 年在全国范围内不会出现重号。具体编号方法为：2 位品种代码＋3 位国家代码＋1 位性别代码＋牛只编号（母牛 12位，公牛 8 位）。日常管理和品种登记只使用牛只编号部分，如需要与其他国家或品种进行比较，可以在牛只编号前加上 2位品种代码（表 2 – 1）、3 位国家代码和 1 位性别代码。

表 2 – 1　中国牛只品种代码编号表

品种	品种代码	品种	品种代码
荷斯坦牛	HS	利木赞	LM
沙西瓦牛	SX	莫累灰	MH
娟姗牛	JS	抗旱王	KH
西门塔尔牛	XM	辛地红	XD
兼用短角牛	JD	婆罗门	PM
草原红牛	CH	丹麦红牛	DM
新疆褐牛	XH	皮埃蒙特	PA
三河牛	SH	南阳牛	NY
肉用短角牛	RD	秦川牛	QC
夏洛来牛	XL	延边牛	YB
海福特牛	HF	鲁西黄牛	LX
安格斯牛	AG	晋南牛	JN
复州牛	FZ	摩拉水牛	ML

（续表）

品种	品种代码	品种	品种代码
尼里/拉菲水牛	NL	金黄阿奎丹	JH
比利时兰牛	BL	南德文	ND
德国黄牛	DH	蒙贝利亚	MB

1. 母牛编号

母牛编号由12个字符组成，分为4个部分，如图2-2所示。

①　　　　　②　　　　　③　　　　　④

图2-2　母牛编号

（1）全国各省（市、区）编号。按照国家行政区划编码确定，由两位数码组成，第一位是国家行政区划的大区号，例如，北京市属"华北"，编码是"1"，第二位是大区内省市号，"北京市"是"1"。因此，北京编号是"11"（表2-2）。这一部分由全国统一确定。

表2-2　牛只省、自治区、直辖市编号表（1998年）

省（区）市	编号	省（区）市	编号	省（区）市	编号
北京	11	安徽	34	贵州	52
天津	12	福建	35	云南	53
河北	13	江西	36	西藏	54
山西	14	山东	37	重庆	55
内蒙古	15	河南	41	陕西	61
辽宁	21	湖北	42	甘肃	62
吉林	22	湖南	43	青海	63

（续表）

省（区）市	编号	省（区）市	编号	省（区）市	编号
黑龙江	23	广东	44	宁夏	64
上海	31	广西	45	新疆	65
江苏	32	海南	46	台湾	71
浙江	33	四川	51		

（2）牛场编号。这个编号占 4 个字符，由数字或由数字和阿拉伯字母混合组成，可以使用的字符包括 0，1，2，3，4，5，6，7，8，9，a，b，c，d，e，f，g，h，i，j，k，l，m，n，o，p，q，r，s，t，u，v，w，x，y，z。省（市、区）内牛场编号可以使用的排列组合个数为 36^4（1679616）。该编号在全省（区、市）范围内不重复。例如牛场编号可以为 0001，xyz1 等。各省（市、区）可在自行编订后报送中国奶业协会中国奶牛数据处理中心备案，宁夏于 1998 年以来，先后编制修订了《宁夏回族自治区荷斯坦牛只编号办法》，已印发各市县并按照该办法执行。

（3）牛只出生年度的后两位数。例如，2002 年出生即为"02"。年度编号保证 100 年不重号。

（4）场内年内牛只出生的顺序号。4 位数字，不足 4 位数以 0 补齐。可以满足单个牛场每年内出生 9 999 头牛的需要，这部分由牛场（合作社或小区）自己编订。

此外，系谱还需要对进口牛记录原牛号、冻精号、注册号、牛场名称等。不同国家来源的牛还需注明来源国家的缩写，如美国 USA，加拿大 CAN，日本 JPN，荷兰 NLD，丹麦 DNK 等。

2. 公牛编号

国内种公牛标准编号由四部分 8 位数字构成。第一部分为省、市、自治区代码 2 位数；第二部分为省、市、自治区内种公牛站编号 1 位数；第三部分，公牛出生年份 2 位数；第四部分，公牛站内公牛出生顺序号 3 位数（图 2 - 3）。进口公牛依据冻精细管和进口牛只系谱，填写公牛注册号。

图 2 - 3　中国荷斯坦公牛编号办法示意

3. 编号的使用

（1）此编号规则主要应用于荷斯坦奶牛。在进行荷斯坦奶牛登记管理时，可以仅使用 12 位牛只编号。如果需要与其他国家和其他品种牛只进行比较，可以在牛只编号前加上 2 位品种编码、3 位国家代码和 1 位性别编码。

（2）12 位牛只登记号只登记在牛只档案或谱系上，牛号应写在牛只的塑料耳牌上，耳牌佩戴在左耳上，也可以双耳上都佩戴耳标。

（3）对现有在群牛只，在进行品种登记或者良种登记时，如现有牛号与以上规则不符，必须使用此规则进行重新编号。如果出生日期不详，则不予登记。

（4）国家统一牛只编号考虑到牛场内管理方便，牛场可以使用国家统一牛只编号的后 6 位作为牛场内牛只管理编号。

例如，宁夏荷利源奶牛原种繁育有限公司奶牛场，有一头荷斯坦母牛出生于 2013 年，在某奶牛场出生顺序是第 168 个，其编号应按如下办法。

宁夏编号为 64，该牛场在宁夏的编号 0166，该牛出生年度编号为 13，出生顺序号为 0168，所以该母牛的全国统一编号为 640166130168。

推荐该牛场使用 130168 作为该牛场内部管理编号。

第三节 奶牛生产性能（DHI）测定

一、DHI 的概念

奶牛生产性能测定其含义是奶牛群体改良，英文名称 Dairy Herd Improvement，国际上通常用以三个单词首字母来表示，简称 DHI。该技术起源于 20 世纪初，国外已有 100 多年的发展历史。在奶业发达国家被广泛应用于奶牛育种与牛群综合管理等方面，显著推进奶牛群体遗传改良，极大地提高了牛群生产性能，是目前国际上广泛应用的一项先进技术，被养殖户形象的称为"测奶养牛"。其引申意为"奶牛个体生产性能测定"，是奶牛场管理和育种工作的基础，也是一项为奶农服务的工作。

二、DHI 的内容及方法

奶牛生产性能测定主要内容是每月测定记录泌乳牛产奶量，采集奶样测定其乳成分、体细胞等指标，结合每月产犊、干奶、淘汰、繁殖等变动信息，经专用软件分析处理后生成奶牛生产性能（DHI）分析报告。报告反映了牛群配种繁殖、生产性能、饲养管理、乳房保健及疾病防治等相关信息。奶牛场管理人员利用报告，能够科学有效地对牛群进行管理，充分发挥牛群的生产潜力和生鲜乳质量，进而提高奶牛场养殖经济效益。同时，政府主管部门组织开展全国奶牛良种登记、种公牛后裔测定、遗传评定及奶牛选种选配等工作，稳步推进奶牛群体遗传改良水平，加快奶牛养殖由数量扩张向质量效益型的转变。因此，奶牛生产性能测定是奶牛"良种"繁育"良法"饲养的关键技术。

三、DHI 的意义和用途

（一）DHI 测定的意义

"能度量，才能管理，能管理，才能提高"，这是奶业发达国家对奶牛生产性能测定工作用于指导奶牛生产管理的实践经验的精辟总结。

1. 完善奶牛生产性能记录体系

通过生产性能测定可以建立完善的生产性能记录体系，准确了解牛群的实际情况，针对具体问题制定出切实有效的管理措施并付诸实施，最终提高牛群的生产水平。生产性能测定也是量化管理牛群的有效工具，这种量化是针对每一头牛只个体的。通过跟踪牛只生产性能与健康态势，改变了传统凭经验及感觉管理牛群的模式，前瞻性的采取科学管理及预防措施。通过生产性能测定可帮助那些没有最基本的生产性能和系谱记录的奶牛养殖户逐渐完善奶牛生产记录体系，为以后生产管理再上台阶奠定基础。

2. 提高原料奶品质

原料奶品质是保证乳制品质量的第一关，只有高质量的原料奶才能生产出高质量的乳制品。原料奶品质的好坏主要反映在牛奶的成分和卫生两个方面。进行生产性能测定可以获得精确的每头牛的乳脂率、乳蛋白率及体细胞数等资料，针对性的调控奶牛营养水平，有效提高牛奶乳脂率和乳蛋白率，及时预防控制乳房炎的发生，有效降低牛奶体细胞数（SCC），从而提高牛奶品质。一个牛群产奶量达到一定水平后，若要再提高单产就要从饲料营养、牛群管理水平、防疫保健方面下功夫。

3. 提供兽医防治依据，指导奶牛场兽医工作

奶牛机体任何部位发生病变或生理不适，都会以减少产奶量和牛奶理化及卫生指标变化的形式表现出来。通过分析 DHI 报告：一是掌握奶牛产奶水平的变化，准确把握奶牛整体健康状况；二是分析乳成分的变化，判断奶牛是否患酮病、亚临床瘤胃酸中毒等代谢病；三是通过测量体细胞数（SCC）的变化，及早发现乳房损伤或感染，特别是隐性乳房炎，科学制定防控措施。可以大大提高兽医工作效率和质量，是兽医变被动治疗为主动防控最有效的科学依据。

4. 改进饲料配方，提高饲养效率

通过分析 DHI 测定报告中乳成分含量变化，确定饲料总干物质含量及主要营养物饲喂量是否合适，指导调配日粮配方，确定日粮精粗比例。分析牛奶尿素氮（MUN）水平，了解奶牛瘤胃中蛋白代谢的水平，改进日粮配方，提高饲料蛋白利用效率，降低饲养成本。

5. 指导牛群遗传改良及选种选配

生产性能测定数据是进行种公牛个体遗传评定分析的重要依据。只有依据准确可靠的生产性能记录进行种公牛后裔测定，才能保证不断选育出真正遗传性能高的优秀种公牛用于牛群遗传改良。在奶牛场，应用生产性能测定准确而全面的生产性能记录，可以实现针对个体牛只的科学选种选配，根据奶牛个体产奶量、乳脂率、乳蛋白率、体细胞等各经济性状的表

现，本着保留优点、改进缺陷的原则，选择相应与配种公牛冻精，从而提高育种工作的成效，不断提高整个牛群的遗传水平。

6. 制订牛群管理和生产计划

DHI 报告不仅可以及时反映个体牛只当前生产性能情况，还可以追溯牛只的历史表现，因此可以指导奶牛场依据牛只生产表现及所处生理阶段奶牛场实现科学分群管理，及时淘汰生产性能低和繁殖障碍等牛只，编制各月产奶计划，制订相应的管理措施。

（二）**DHI 测定的用途**

奶牛生产性能测定是奶牛场管理和育种工作的基础工作。通过进行 DHI 测定，可以保证资料准确性，监测生产性能，能够科学指导牛群进行选种选配，及时发现牛场管理存在的问题，调整饲养与生产管理，准确把握奶牛健康状况，有效预防牛群疾病的发生，实现奶牛养殖数量化、精准化，从而达到高效养殖之目的。生产性能（DHI）测定的最终受益者是奶牛场。

四、DHI 的指标和含义

应用 DHI 报告，要熟练掌握 DHI 报告相关基础概念、关键参数及其意义。DHI 报告中相关参数概念及意义如下。

（一）**记录指标**

（1）日产奶量。是指泌乳牛测定日当天 24 小时的总产奶量。日产奶量能反映牛只、牛群当前实际产奶水平，单位为千克。

（2）前次产奶量。是指测定牛只上次测定日 24 小时的产奶量总和，用于与本次测定日产奶量进行比较，考察牛只生产性能是否稳定，单位为千克。

（二）测定指标

（1）乳脂率。是指泌乳牛测定日牛奶中所含脂肪的百分比，单位为%。

（2）乳蛋白率。是指泌乳牛测定日牛奶中所含蛋白质的百分比，单位为%。

（3）乳糖含量。是指泌乳牛测定日牛奶中所含乳糖的百分比，单位为%。

（4）全乳固体。是指泌乳牛测定日奶样中干物质含量的百分比，单位为%。

（5）牛奶体细胞数（SCC）。是指泌乳牛测定日牛奶中体细胞的数量，体细胞包括嗜中性白细胞、淋巴细胞、巨噬细胞及乳腺组织脱落的上皮细胞等，单位为个/毫升。

（6）牛奶尿素氮（MUN）。是指泌乳牛测定日牛奶中尿素氮的含量，单位为毫克/分升（mg/dL）。牛奶尿素氮是衡量奶牛蛋白质代谢的关键指标，实验室直接测得的是牛奶尿素值，牛奶尿素氮 = 牛奶尿素值 ×0.467，单位为毫克/分升（mg/dL）。

（三）牛场记录指标

（1）产犊（分娩）日期。是指被测定牛只本胎次的产犊日期，用于计算与之相关的产犊间隔、泌乳天数等指标。

（2）胎次。是指母牛已产犊的次数。

（四）计算分析指标

（1）泌乳天数。是指测定牛只从产犊第 1 天到本次采样期间的实际天数，该指标反映奶牛所处的泌乳阶段，用于计算305 天预计产奶量等相关生产性能参数，单位为天。

（2）产犊间隔。是指测定牛只本胎次产犊日与上一胎次产犊日的天数，单位为天。

（3）校正奶量。是根据牛只实际泌乳天数和乳脂率校正为泌乳天数 150 天、乳脂率 3.5% 的日产奶量，用于对不同泌乳阶段、不同胎次牛只之间产奶性能的比较，单位为千克。

（4）泌乳持续力。是指当个体牛只本次测定日奶量与前次测定日奶量综合考虑时，形成一个新数据，称为泌乳持续力，该数据可用于比较个体的生产持续能力，单位为%。

（5）群内级别指数（WHI）。是指个体牛只或每一胎次牛在整个牛群中的生产性能等级评分，用于牛之间或胎次间生产性能的相互比较，反映牛只生产性能在同类别群体中所处的位次状态，单位为%。

（6）脂蛋比。是指测定日奶样乳脂率与乳蛋白率的比值，是衡量奶牛日粮供给的关键指标。

（7）前次体细胞数。是指前次测定日测得的体细胞数。其与本次体细胞数相比较后，反映奶牛场在乳房炎防控方面采取的预防管理措施是否得当，治疗手段是否有效。

（8）体细胞分。将体细胞数线性化而产生的数据。利用体细胞分评估奶损失比较直观明了。

（9）牛奶损失。是指因乳房受细菌感染等原因而造成的牛奶损失，单位为千克（据统计奶损失约占总经济损失的64%）。

（10）奶款差。等于奶损失乘以当前奶价，即损失掉的那部分牛奶的价格。单位为元。

（11）经济损失。指因乳房炎所造成的总损失，其中包括奶损失和乳房炎引起的其他损失，即奶款差除以64%，单位为元。

（12）总产奶量。是指从产犊之日起到本次测定日时，牛只的泌乳总量；对于已完成胎次泌乳的奶牛而言则代表胎次产奶量。单位为千克。

（13）总乳脂量。是计算从产犊之日起到本次测定日时，牛只的乳脂总产量，单位为千克。

（14）总蛋白量。是计算从产犊之日起到本次测定日时，牛只的乳蛋白总产量，单位为千克。

（15）高峰奶量。指泌乳牛本胎次测定中，最高的日产奶量，单位为千克。

（16）高峰日。指在泌乳牛本胎次测定中，奶量最高时的泌乳天数，单位为天。

（17）90 天产奶量。指泌乳牛泌乳 90 天的总产奶量，单位为千克。

（18）305 天预计产奶量。泌乳天数不足 305 天的为 305 天预计产奶量，达到或者超过 305 天奶量的为 305 天实际产奶量，单位为千克。

（19）预产期。指根据配种日期与妊娠检查推算的下一胎次的产犊日期。

（20）繁殖状况。指奶牛所处的生理状况（配种、怀孕、产犊、空怀）。

（21）成年当量。指各胎次产量校正到第五胎时的 305 天产奶量。一般在第五胎时，母牛的身体各部位发育成熟，生产性能达到最高峰。根据各胎次的校正系数（表 2 - 3）可计算出成年当量。利用成年当量可以比较不同胎次的母牛在整个泌乳期间生产性能的高低。

表 2 - 3　各胎次奶牛成年当量校正系数表

胎次	1	2	3	4	5
校正系数	1. 3514	1. 1765	1. 0870	1. 0417	1. 0000

五、DHI 测定的应用

奶牛生产性能测定被奶牛养殖者们形象的称为奶牛"体

检"，DHI 报告即是奶牛的"体检报告"。奶牛生产性能测定重在建立健全完整的生产性能记录，关键在对报告的分析、理解和应用。

（一）DHI 报告分析理论

影响奶牛产奶量与牛奶乳成分的主要因素有奶牛品种、饲料组成、泌乳阶段、季节和疾病等。奶牛在全泌乳期，产奶量、乳脂率、乳蛋白、干物质采食量与体况（或体重）呈规律性变化（图2-4）。因此，解读 DHI 报告并应用于奶牛群体改良需综合考量影响奶牛生产性能的各种因素。

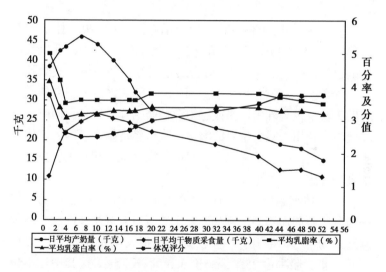

图2-4 奶牛日产奶量、干物质采食量、乳脂率、
乳蛋白和体况评分曲线

（二）生产性能在生产实践中的应用

奶牛生产性能测定的关键是精准、量化和完整的测定记录，依据现代计算机应用技术，对生产性能测定报告进行科学

的应用。根据测定结果，测定中心可为参测奶牛场提供奶牛个体在测定日的所有相关信息，如测定日产奶量、乳脂率、乳蛋白率、体细胞数等。测定报告还反映了个体牛只 305 天预计产奶量和累计产奶量、产奶高峰天数、高峰产奶量，计算总乳脂量、总蛋白量和成年当量等有关信息。根据测定资料分析脂蛋白比，减少因饲养管理不善造成的产奶量和相关经济损失。奶牛场管理人员依据这些信息，认真解读测定报告，对牛群的整体及个体状况做到心中有数，有的放矢。以下为测定报告中项目指标的具体应用。

1. 体细胞的应用

（1）牛奶中的体细胞。正常情况下，牛奶中的体细胞数一般在 20 万~30 万个/毫升。当乳房受到外伤或者发生疾病（如乳房炎等）时体细胞数就会迅速增加。如果体细胞数超过 50 万个/毫升，就导致产奶量下降。测量牛奶体细胞数的变化有助于及早发现乳房损伤或感染、预防治疗乳房炎，同时还可降低治疗费用，减少牛只的淘汰，降低经济损失。因此，体细胞数同牛奶产量、质量以及牛只的健康状况密切相关，也是奶牛乳房健康水平的重要标志。

（2）体细胞数与牛奶损失的关系。体细胞数造成的奶损失因胎次不同而不同。例如，一个牧场有泌乳牛 300 头，体细胞数平均 40 万/毫升，一年仅奶产量损失的费用就可达 7.15 万元（指头胎牛占 25%，奶价 3.5 元/千克），这其中还不包括因乳房炎造成的其他损失，如乳房永久性破坏、牛只间相互传染、头胎牛过早干奶与淘汰、兽药费、抗生素残留奶、原料奶质量下降等，约占总费用的 36%。

（3）体细胞数对奶牛乳房健康及牛奶品质的影响。测定牛奶体细胞是判断乳房炎轻重的有力手段，体细胞数的高低预示着隐性乳房炎感染状态。奶牛一旦患有乳房炎，产奶量、奶的质量都会有相应的变化。患乳房炎的奶牛其乳腺组织的泌乳能力下降，达不到遗传潜力的产奶峰值，并对干奶牛的治疗花费较大。如果能有效的避免乳房炎，就可达到高的产奶峰值，获得巨大的经济回报。

患乳房炎的奶牛所分泌的牛奶与正常牛奶的主要区别：干物质含量减少及各种乳成分的含量比例发生变化（表2-4）。如乳房炎达到很重的程度，牛奶将接近血液成分。所以，牛奶体细胞数与产奶量是成反比关系，高体细胞数牛奶中脂肪、蛋白、乳糖等成分都将发生变化。

表2-4 正常体细胞与高体细胞乳成分对比表

乳成分	正常体细胞	高体细胞
非脂干物质	8.9	8.8
乳糖	4.9	4.4
乳脂	3.5	3.2
总蛋白	3.61	3.56
总酪蛋白	2.8	2.3
乳清蛋白	0.8	1.3
乳铁蛋白	0.02	0.07
免疫球蛋白	0.1	0.6
钠	0.057	0.105
氯	0.091	0.147
钾	0.173	0.157
钙	0.12	0.04

（4）体细胞数与泌乳天数的关系。正常情况下，体细胞数在泌乳早期较低，而后逐渐上升。泌乳早期体细胞数偏高，预示干奶牛治疗、临产及产后环境等存在问题，可对下一胎次

进行针对性预防，改善后则体细胞数就会相应下降。泌乳中期体细胞数高，可能是乳头药浴无效、挤奶台管理措施不得当、挤奶设备不配套或设备性能不稳定、环境肮脏、饲喂时间不当等，这时应进行隐性乳房炎检测（CMT），以便及早治疗和预防。对于泌乳后期体细胞数高、胎龄大的牛只，则应及早利用干奶药物进行治疗。

（5）降低奶牛体细胞数的方法。落实各部门在防治乳房炎过程中的责任；治疗干奶牛的全部乳区；维护环境的清洁、干燥；正确使用和维护挤奶设备；采用正确的挤奶程序；正确治疗泌乳期的临床乳房炎；定期监测乳房健康，检测隐性乳房炎（CMT）；淘汰慢性感染牛；保存好体细胞数原始记录和治疗记录，定期检查；补充微量元素和矿物质，如硒、维生素E等；预防苍蝇等寄生性昆虫滋生；定期总结乳房炎的防治，结合实际情况及时作出改进计划，是十分重要的。

2. 乳脂率、乳蛋白率的应用

目前，我国原料奶收购对乳脂和乳蛋白是按质论价，同样1千克牛奶会因乳蛋白率（P）和乳脂率（F）的不同而收益不同。根据DHI测定报告提供牛只的乳脂率和乳蛋白率，可用于选择生产理想型乳脂率和乳蛋白率的奶牛。

（1）脂蛋比。荷斯坦牛乳脂率与乳蛋白率比，正常情况下应在1.12~1.30。这一数据可用于检查个体牛只、不同饲喂组别和不同泌乳阶段牛只的状况。高脂低蛋白会引起比值过高，可能是日粮中添加了脂肪，或日粮中蛋白和非降解蛋白不足；而低比值则相反，可能是日粮中太多的谷物精料，或者日粮中缺乏有效纤维素。高产牛的脂蛋白比偏小，特别是处于泌乳30~60天的牛只。

（2）脂蛋比差。正常的脂蛋比差值为0.4%。奶牛泌乳早期的乳脂率如果特别高而乳蛋白变化不明显，就意味着奶牛在快速动用体脂，则应检查奶牛是否发生酮病。如果是泌乳中后期，大部分的牛只乳脂率与乳蛋白率之差小于0.4%，则可能发生了慢性瘤胃酸中毒（注：北美洲荷斯坦牛的乳脂率3.65%，乳蛋白率为3.15%）。

（3）乳脂率较低的牛只特征。乳脂率较低的牛只有以下特征：牛只体重增加、过量采食精料、乳脂率测定小于2.8%、乳蛋白率高于乳脂率。

（4）提高乳脂率的主要措施。牛群中多数牛只乳脂率过低，主要原因是牛瘤胃功能异常，可采取的减缓措施如下：减少精料喂量，精料不要太细；避免在泌乳早期喂饲太多的精料；先饲喂0.5~1小时长度适中的优质干草，后再饲喂精料；提高粗纤维水平，改变粗饲料的长短或大小；日粮中添加缓冲液；补充蛋白的缺乏；取消日粮中多余的油脂；精粗比例≤42∶58；避免饲喂发酵不正常的青贮饲料；增加饲喂次数。

（5）乳蛋白较低的特征及原因。产犊时膘情差，泌乳早期碳水化合物缺乏，蛋白含量低，日粮中可溶性蛋白或非蛋白氮含量高，可消化蛋白和不可消化蛋白比例不平衡，饲喂了高水平的瘤胃活性脂肪，蛋白质缺乏或氨基酸不平衡，采食过多油脂作为能量来源，热应激或通风不良，产奶量上升过高，乳蛋白率下降。

（6）提高乳蛋白的技术措施。提高日粮能量水平；避免过多使用脂肪或油类等能量饲料；提高日粮中非结构性碳水化合物含量；增加非降解蛋白质的供给，保证氨基酸摄入平衡；减少热应激，增加通风量；增加干物质饲喂量。

3. 尿素氮（MUN）的应用

（1）牛奶尿素氮的正常范围。牛奶尿素氮（MUN）是衍生自血液尿素氮（BUN）的牛奶蛋白质部分。研究表明，牛奶尿素氮的最适合值在10~18毫克/分升。各奶牛场之间有一定的差异，牛场应该确定自己牛场牛奶尿素氮的合理值，然后检测牛奶尿素氮上下 3 个点的变化。如在美国伊利诺伊州，牛奶尿素氮最适合的范围是 9～14 毫克/分升。

（2）牛奶尿素氮的测定意义。在养牛成本中饲料约占 60%，而蛋白料是饲料中最贵的一种。测定牛奶尿素氮能反映奶牛瘤胃中蛋白代谢的有效性。因此，测定牛奶尿素氮具有以下意义：一是平衡日粮，最大效率地利用饲料蛋白质，降低成本；二是牛奶尿素氮过高会降低奶牛的繁殖率；三是保证饲料蛋白的有效利用，发挥产奶潜能；四是利用牛奶尿素氮的测定值可选择物美价廉的蛋白饲料。

一般而言，牛奶尿素氮数值过高说明日粮中能量过高或能量不足，意味着奶牛群正在浪费蛋白质。牛奶尿素氮为 15 毫克/分升的 1 头体重 680 千克奶牛，与牛奶尿素氮 10 毫克/分升的奶牛相比，代表了 0.45 千克豆粕当量的损失，再加上尿液过量散发的附加风险。牛奶尿素氮高还可引发奶牛的繁殖、饲料成本、生产性能的发挥等一系列问题。低的牛奶尿素氮水平显示母牛所需要的氨基酸和能量水平有可能不足，因为瘤胃细菌的生长和产量在下降。降低微生物生长就可能负面影响牛奶产量。

研究表明，牛奶尿素氮过高与繁殖率低下有很大的关系。据报道，夏季牛只在产后第一次配种前 30 天的尿素氮大于 16 毫克/分升时，其不孕率是冬季且尿素氮值低牛只的 10 倍以上。

（3）牛奶尿素氮值高的原因。日粮可发酵碳水化合物（淀粉、糖和可消化纤维）含量低，瘤胃细菌菌群生产减少；日粮蛋白水平高，导致蛋白质浪费；日粮蛋白水平正常，但瘤胃降解蛋白太多或可溶蛋白受限；瘤胃酸中毒，菌体蛋白生产受限，氨不能被充分利用。

（4）牛奶尿素氮值高的控制措施。检查日粮蛋白水平，日粮蛋白水平太低（＜15％），日粮蛋白水平太高（＞18％），适宜的瘤胃降解蛋白水平（60％～65％），适宜的瘤胃非降解蛋白水平（35％～40％），可溶蛋白（RDP的50％），日粮淀粉占日粮干物质的24％～28％，日粮糖占日粮干物质的4％～6％。

4. 奶产量的应用

（1）前次个体产奶量的作用。通过比较本月和上月奶量的变化情况，可以检验饲养管理是否得到改进，饲料配方是否合理。如果可行，本月奶量就会比上月奶量增加，如果不是就会下降，若两次的奶量波动较大，可从以下查找原因：一是饲料配方过渡时，是否给予牛只足够的适应时间（应为1～2周），这可能会发生在干奶配方到产奶配方过渡或变更牛群的过程中；二是牛只产犊时膘情是否过肥？如果牛只过肥产后食欲时好时坏，会造成产奶量剧烈波动；三是是否长期饲喂高精料日粮？若长期饲喂会造成酸中毒及蹄病，产奶量会受到影响；四是是否有充足的槽位？如果槽位不充足，牛只之间相互争抢槽位，也会影响产奶量。

（2）测定日产奶量的应用。测定日产奶量，是精确衡量每头牛只产奶能力的指标。通过计量每头牛只的产奶量，区分高产与低产牛，进行分群饲养，即按照产奶量的高低给予不同的营养水平。这样不仅可以避免因饲养水平高于产奶需要而造成的浪费和可能导致的疾病，也可避免因饲养水平低于产奶需要而造成的低产，从而给牛场带来更大的经济效益。

当泌乳牛的饲养水平低于产奶需要时，直接的影响就是产奶量下降，间接的影响是不易受孕。若饲养水平高于产奶需要时，直接的影响就是增加了生产成本，间接的影响是牛只膘情过肥，同样会引起繁殖问题。如胎儿过大造成难产、难于受孕而引起空怀天数的增加。

测定日产奶量主要应用在以下几方面：反映牛只当月产奶

量高低，可评价上一阶段的管理水平；按照产奶水平，结合胎次、泌乳阶段、膘情等进行分群合理管理；为配合经济日粮提供依据；测定日平均产奶量及产奶头数可用于衡量牛场盈利水平。

（3）305天产奶量的应用。牛群总体305天预计产奶量的上升与下降，说明牛群整体饲养水平管理的趋向，即上升则牛群管理趋好，反之则预示着管理倒退。同时，还可将305天预计产奶量与实际产奶量综合分析，用于本月及长期的预算。

（4）校正产奶量的应用。校正产奶量是将测定日奶量按泌乳天数及乳脂率校正的数值，用于比较不同生理阶段牛群及个体之间产奶量高低的指标。牛只在泌乳高峰期及泌乳后期产奶量差距很大，即在不同的泌乳阶段，产奶量也不同。所以，校正奶量使处在不同泌乳阶段及不同乳脂率的泌乳牛，在同一标准下进行比较。

如果一个牛群的上月产量为25.6千克，平均泌乳天数（DIM）为173天，本月产量为24.9千克，平均泌乳天数（DIM）为193天，那么这个牛群的产奶量如下。

平均泌乳天数差 = 193 – 173 = 20 天

泌乳天数升高造成奶损失为20 × 0.07 = 1.4千克，由于20天泌乳天数差别，该牛群的产量应该是下降1.4千克。

25.6 – 1.4 = 24.2千克，这将是预期的产量。

然而，实际产奶量为24.9千克，这表明该牛群本月的产量有所提高，每头牛比预期多产了24.9 – 24.2 = 0.7千克的奶。

5. 泌乳天数和胎间距的应用

（1）平均泌乳天数的应用。如果牛群为全年均衡产犊，那么牛群平均的泌乳天数应该处于150～170天，这一指标可显示牛群繁殖性能及产犊间隔。牛场管理者可以根据该项指标来检测牛群繁殖状况，然后再查找影响繁殖的因素。如果测定报告获得的数据高于正常的平均泌乳天数，就预示着潜在一定的奶损失，并表明牛群的繁殖状况存在问题，导致产犊间隔延长，将会影响下一胎次的正常泌乳。

依据测定报告分析泌乳天数、日产奶量、校正奶量及繁殖状况，有利于制订繁殖配种计划。若近期内分娩的牛数比正常多，泌乳天数应该下降，牛群整体日产奶量水平应是上升，月产奶量水平也是上升；反之，日产奶量将会下降。

（2）胎间距的应用。平均泌乳天数正常，胎间距稍长，说明牛群存在轻微的繁殖问题。应找出泌乳天数超过450天牛只并核对最后一次产犊登记日期是否正确。检查泌乳天数。

第四节　奶牛体型线性鉴定技术

一、体型鉴定概念

体型鉴定（type classification）是对奶牛体型进行数量化处理的一种鉴定方法，并针对每个性状，按生物学特性的变异范围，定出性状的最大值和最小值，然后以线性的尺度进行评分。线性分用 1～9 的整数来表示奶牛体型性状生理表现从一个极端向另一个极端变化的程度。

二、被鉴定牛只具备的条件

被鉴定牛的基本条件符合 GB/T 3157—2008《中国荷斯坦牛》标准；泌乳天数在 30～180 天的健康母牛。被鉴定牛还应具备完善的系谱、出生日期、产犊日期、胎次和鉴定日期等相关信息。

三、鉴定内容

体型鉴定包括体高、胸宽 20 个线性性状。将体型性状功能分合并为 5 个部位的评分，包括体躯容量、尻部、乳房、肢蹄和乳用特征。

四、中国荷斯坦牛体型鉴定各性状评定方法与鉴定依据

（一）体高

以 140 厘米为中等分（5 分），每高 2.5 厘米加 1 分，每低 2.5 厘米减 1 分（图 2 – 5）。

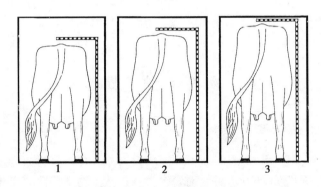

图 2 – 5　体高评分示意图

1. 极低评 1 分；2. 中等评 5 分；3. 极高评 9 分

（二）胸宽

以 22 厘米为中等分（5 分），每高 3 厘米加 1 分，每低 3 厘米减 1 分（图 2 – 6）。

（三）体深

鉴定最后一根肋骨处腰椎至腹底部的垂直距离与最后一根肋骨处腰椎至地面的垂直距离的比例关系（图 2 – 7）。

（四）腰强度

鉴定牛只的臀（十字部）与背之间脊椎骨的连接强度及腰椎横突发育状态，依靠鉴定员观察判断。极强个体背部之脊

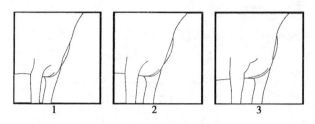

图 2 - 6 胸宽评分示意图

1. 极窄评 1 分；2. 中等评 5 分；3. 极宽评 9 分

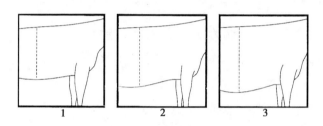

图 2 - 7 体深评分示意图

1. 极浅评 1 分；2. 中等评 5 分；3. 极深评 9 分

椎骨微有隆起，其腰椎横突发育长、平；极弱个体背部下凹，其腰椎横突发育短而细（图 2 - 8）。

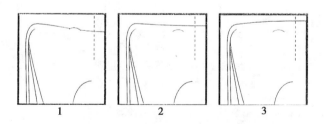

图 2 - 8 腰强度评分示意图

1. 极弱评 1 分；2. 中等评 5 分；3. 极强评 9 分

（五）尻角度

鉴定腰角与坐骨结节的相对高度差。4 厘米为中等分（5分），每高 1.5 厘米加 1 分，每低 2 厘米减 1 分（图 2 −9）。

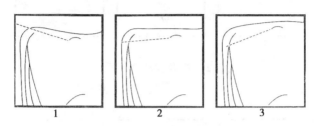

图 2 −9　尻角度评分示意图

1. 逆斜评 1 分；2. 理想评 5 分；3. 极斜评 9 分

（六）尻宽

鉴定两坐骨结节间的宽度。以 18 厘米为中等分（5分），每宽 2 厘米加 1 分，每窄 2 厘米减 1 分（图 2 −10）。

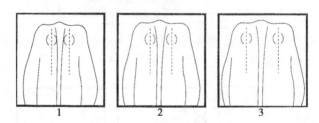

图 2 −10　尻宽评分示意图

1. 极窄评 1 分；2. 中等评 5 分；3. 极宽评 9 分

（七）蹄角度

鉴定后蹄壁前沿与地面所形成的夹角。以 45°为中等分（5 分），每大 5°加 1 分，每小 5°减 1 分（图 2 −11）。

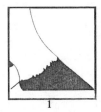 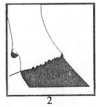 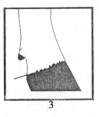

图 2 – 11　蹄角度评分示意图

1. 极低评 1 分；2. 中等评 5 分；3. 极陡评 9 分

（八）蹄踵深度

鉴定后蹄的蹄踵上沿与地面之间的距离。以 2.5 厘米为中等分（5 分），每大 0.5 厘米加 1 分，每小 0.5 厘米减 1 分（图 2 – 12）。

图 2 – 12　蹄踵深度评分示意图

1. 极浅评 1 分；2. 中等评 5 分；3. 极深评 9 分

（九）骨质地

鉴定后肢骨骼的细致程度与结实程度（图 2 – 13）。

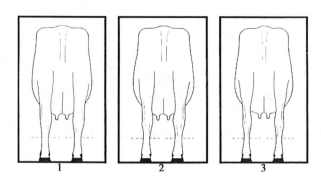

图 2 - 13 骨质地评分示意图

1. 极粗圆评 1 分；2. 中等评 5 分；3. 极细评 9 分

（十）后肢侧视

鉴定后肢飞节处的弯曲程度，即胫骨与跗骨之间的夹角。以 145°为中等分（5 分），每大 5°加 1 分，每小 5°减 1 分（图 2 - 14）。

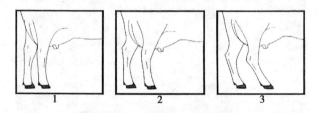

图 2 - 14 后肢侧视评分示意图

1. 极直评 1 分；2. 中等评 5 分；3. 极曲评 9 分

（十一）后肢后视

鉴定后肢飞节的内向程度（图 2 - 15）。

（十二）乳房深度

乳房深度鉴定乳房底部到飞节的垂直距离。以 10 厘米为中等分（5 分），每增加 2 厘米加 1 分，每减少 3 厘米减 1 分

图 2 – 15　后肢后视评分示意图

1. 极 X 形评 1 分；2. 中等评 5 分；3. 极平行评 9 分

（图 2 – 16）。

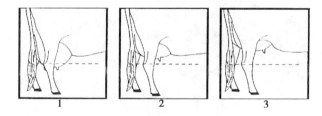

图 2 – 16　乳房深度评分示意图

1. 极深评 1 分；2. 中等评 5 分；3. 极浅评 9 分

（十三）中央悬韧带

鉴定中央悬韧带基底部与乳房底部的垂直距离。以 3 厘米为中等分（5 分），每高 1 厘米加 1 分，每低 1 厘米减 1 分（图 2 – 17）。

（十四）前乳房附着

鉴定前乳房与体躯腹壁连接附着的强度（图 2 – 18）。

图 2 – 17 中央悬韧带评分示意图

1. 极弱评 1 分；2. 中等评 5 分；3. 极强评 9 分

图 2 – 18 前乳房附着评分示意图

1. 极弱评 1 分；2. 中等评 5 分；3. 极强评 9 分

（十五）前乳头位置

鉴定前乳头基地在所在乳区的相对位置（图 2 – 19）。

（十六）前乳头长度

鉴定乳房前乳头的长度。以 5 厘米为中等分（5 分），每超过 1 厘米加 1 分，每低 1 厘米减 1 分（图 2 – 20）。

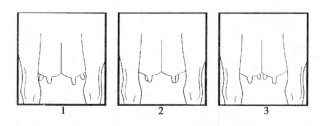

图 2 – 19　前乳头位置评分示意图

1. 极外侧评 1 分；2. 中间评 5 分；3. 极内侧评 9 分

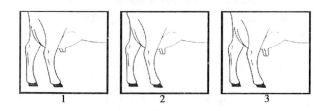

图 2 – 20　前乳头长度评分示意图

1. 极短评 1 分；2. 中等评 5 分；3. 极长评 9 分

（十七）后乳房附着高度

鉴定后乳房乳腺组织的最上缘与阴门基底部之间的垂直距离。以 24 厘米为中等分（5 分），每增加 2 厘米加 1 分，每减少 2 厘米减 1 分（图 2 – 21）。

（十八）后乳房附着宽度

鉴定后乳房乳腺组织上缘的宽度。以 14 厘米为中等分（5 分），每宽 1.5 厘米加 1 分，每窄 1.5 厘米减 1 分（图 2 – 22）。

（十九）后乳头位置

鉴定后乳头基地部在所在乳区的相对位置（图 2 – 23）。

（二十）棱角性

鉴定整体的棱角分明程度，包括骨骼轮廓清晰度、肋骨开

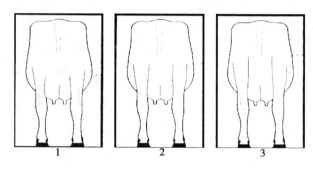

图 2 - 21　后乳房附着高度评分示意图

1. 极低评 1 分；2. 中等评 5 分；3. 极高评 9 分

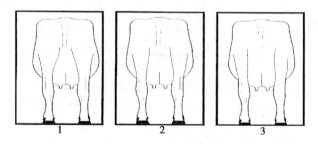

图 2 - 22　后乳房附着宽度评分示意图

1. 极窄评 1 分；2. 中等评 5 分；3. 极宽评 9 分

张程度、肋间距的大小、股部大腿肌肉的凸凹程度以及耆甲棘突的高低等（图 2 - 24）。

五、线性分与功能分的转化

将线性分转化反映奶牛生理表现理想程度的分值，取值范围为 50 ~ 100。某些性状的线性分越高与功能分也越高；某些性状是线性分中间位最佳，如尻角度、后肢侧视等；而某些性状则是在某一线性分为最佳，如体深、蹄角度等（表 2 - 5）。

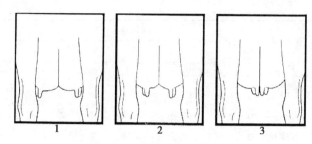

图 2 – 23　后乳头位置评分示意图

1. 极外侧评 1 分；2. 中等评 5 分；3. 极内侧评 9 分

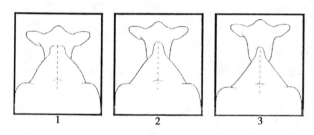

图 2 – 24　棱角性评分示意图

1. 极差评 1 分；2. 中等评 5 分；3. 极明显评 9 分

表 2 – 5　体型鉴定各性状线性分与功能分对照表

部位	体型性状	线性分								
		1	2	3	4	5	6	7	8	9
体躯容量	体高	57	64	70	75	85	90	95	100	95
	胸宽	55	60	65	70	75	80	85	90	95
	体深	56	64	68	75	80	90	95	90	85
	腰强度	55	60	65	70	75	80	85	90	95
尻部	尻角度	55	62	70	80	90	80	75	70	65
	尻宽	55	60	65	70	75	79	82	90	95

（续表）

部位	体型性状	线性分								
		1	2	3	4	5	6	7	8	9
肢蹄	蹄角度	56	64	70	76	81	90	100	95	85
	蹄踵深度	57	64	69	75	80	85	90	95	100
	骨质地	57	64	69	75	80	85	90	95	100
	后肢侧视	55	64	75	80	95	80	75	65	55
	后肢后视	57	64	69	74	78	81	85	90	100
泌乳系统	乳房形态 乳房深度	55	65	75	85	95	85	75	65	55
	中央悬韧带	55	60	65	70	75	80	85	90	95
	前乳房 前乳房附着	55	60	65	70	75	80	85	90	95
	前乳头位置	57	65	75	80	85	90	85	80	75
	前乳头长度	50	60	70	80	90	80	70	60	50
	后乳房 后乳房附着高度	58	65	68	70	75	80	85	90	95
	后乳房附着宽度	58	65	68	70	75	80	85	90	95
	后乳头位置	55	60	65	75	90	75	70	65	55
乳用特征	棱角性	57	64	69	74	78	81	85	90	95

六、各部位评分的计算

（一）各部位及各性状的权重

将体型性状功能分合并为 5 个部位的评分，包括体躯容量、尻部、乳房、肢蹄和乳用特征。各性状功能分在部位评分中的赋予规定的权重（表 2 - 6）。

表 2 – 6　体型鉴定各性状功能分及部位评分的权重

部位		体型性状	权重%
体躯容量18%		体高	25
		胸宽	35
		体深	25
		腰强度	15
尻部10%		尻角度	40
		尻宽	45
		腰强度	15
肢蹄20%		蹄角度	25
		蹄踵深度	10
		骨质地	20
		后肢侧视	25
		后肢后视	20
泌乳系统40%	乳房形态20%	乳房深度	55
		中央悬韧带	45
	前乳房35%	前乳房附着	45
		前乳头位置	25
		前乳头长度	18
		乳房深度	12
泌乳系统40%	后乳房45%	后乳房附着高度	30
		后乳房附着宽度	30
		后乳头位置	14
		乳房深度	12
		中央悬韧带	14
乳用特征12%		棱角性	100

（二）各部位评分的计算

各部位评分的计算公式如下：

$$SubS_i = \sum_{j=1}^{m} (X_j \times w_{ij}) - \sum_{k=1}^{n} D_k$$

式中，$SubS_i$ 为 m 个体型鉴定性状合并计算的部位 i 评分；X_j 为部位 i 体型鉴定性状 j 的功能分，$j = 1，2，\cdots，m$；w_{ij} 为部位 i 体型鉴定性状 j 的权重，$j = 1，2，\cdots m$；D_k 为部位 i 缺陷性状 k 的扣分，$k = 1，2，\cdots n$；$\sum$ 为总和。

（三）体型总分的计算

各部位在体型总分中的权重见附录 F。体型总分的计算公式如下。

$$S = \sum_{j=1}^{m} (SubS_i \times w_i)$$

式中，S 为体型总分；w_j 为体型鉴定部位 i 的权重，$j = 1，2，\cdots，5$。

七、体型等级的划分

体型等级根据体型鉴定总分划分为 6 个等级（表 2 - 7）。

表 2 - 7　中国荷斯坦牛母牛体型鉴定等级划分标准

体型鉴定等级	体型总分范围
优（Ex）	90 ~ 100 分
很好（VG）	85 ~ 89 分
好佳（GP）	80 ~ 84 分
好（G）	75 ~ 79 分
一般（F）	65 ~ 74 分
差（P）	65 分以下

第三章　现代奶牛育种新技术

在影响奶牛养殖业生产效率提高的诸多技术要素中，奶牛遗传育种技术的科技贡献率占到40%以上。由此可见，良种是奶业发展的基础，奶牛群体遗传水平的不断改良提高，是奶业发展的根本动力。然而奶牛的育种工作受到繁殖世代间隔长（4~5年）、扩繁速度缓慢（单胎动物），产奶性状又是性别限制性状，公牛不表现产奶性能等诸多因素的限制。奶牛育种技术主要是通过对现有的育成品种（主要是占当今世界奶牛存栏85%以上的荷斯坦牛群体）实施长期、系统的群体遗传改良技术，使奶牛群体总体上获得种质改良和遗传进展。

第一节　奶牛分子育种

一、奶牛分子育种的必要性

我国奶业的发展有着巨大的潜力。首先，我国人均饮奶量还很低，与发达国家相差甚远，随着人民生活水平的提高和商品经济的发展，奶业的发展势在必行。其次，我国的奶牛年产量比世界发达国家平均低2 000千克，发达国家为8 000千克，而中国目前仅为6 000千克。专家预测采用分子育种可使牛的产奶量提高到年平均12 000千克。所以，加快我国奶业发展，根本的问题是奶牛的良种化和产业化。这就需要通过分子育种不断地提高奶牛的品质并通过现代生物技术加快扩繁。对奶牛产奶性能的分子遗传标记研究就是这一宏大工程中的重要内容和措施之一。因此，中国荷斯坦奶牛泌乳、抗病特性和繁殖等若干重要经济性状的候选基因遗传特征研究对于其快速高效选育具有重大的科学、经济和社会意义。

二、奶牛分子育种发展历程

数十年来，世界各国的奶牛育种学家应用数量遗传学理论和方法，经过长期的实践，集成了一套奶牛群体遗传改良的技术体系，概括起来有4项基础工作。

（1）在牛群中建立个体识别系统和品种登记制度，开展个体生产性能测定和体型外貌鉴定，以期获得完整、可靠的性能纪录数据信息。

（2）在牛群中通过个体遗传评定，对优秀母牛进行良种登记，以期选育和组建高产奶牛育种核心群，并通过科学的"计划选配"培育优秀的种牛。

（3）组织大规模的青年公牛后裔测定或其他先进的选种技术，并经过科学、严谨的遗传评定技术，选育优秀种公牛。

（4）广范应用人工授精等繁殖生物技术，将经过验证的优秀种公牛的优良遗传物质推广到整个牛群，以期整体改进牛群的遗传素质、生产性能及经济效益。通过上述奶牛群体遗传改良的技术组装集成，在世界各国特别是在奶业发达国家长期应用与完善，已经证实是迄今最为科学、合理和有效的奶牛群体遗传改良技术体系。

数量遗传学评定方法是以微效多基因模型为基础，将基因的作用作为一个整体考虑，相当于在黑箱中进行操作。虽然取得了巨大成就，但是理论上还是存在缺陷，实践中有些情况下达不到预期效果。

20世纪80年代以来，分子遗传学和分子生物技术迅速发展，并全面地渗入和推动了数量遗传学的发展，开辟了"分子数量遗传学"新学科领域。应用分子数量遗传学新理论、新方法和新技术，结合传统的育种技术，逐渐形成了畜禽"分子育种"新技术体系，主要体现在：从分子水平上认识数量性状的遗传基础并分析数量性状的遗传变异规律；将目前群体水平上的以表型值推断基因型值的选种过程，发展成为先用生物技术测定个体的基因型和基因型值，再结合数量遗传学方法预测个体育种值。因此，分子育种技术体系对于提高畜禽群体遗传改良的效率，有着广阔的应用前景。

三、奶牛分子育种的内容及主要方法

动物分子育种（Animal Molecular Breeding）是利用分子数量遗传学理论和技术来改良畜禽品种的一门新兴学科，是传统的动物育种理论和方法的新发展。从目前发展现状来看，主要包括两方面内容：基因组育种（Genomic Breeding）和转基因育种（Transgenic Breeding）。其中，基因组育种是在比较基因组研究和基因组分析的基础上，通过 DNA 标记技术来对畜禽数量性状座位进行直接选择，或通过标记辅助导入有利基因，通过标记辅助淘汰（Marker Assisted Culling，MAC）清除不利基因等，以达到更有效地改良畜禽的目的。转基因育种则是通过基因导入技术将外源基因导入某种动物的基因组上，育成转基因畜禽新品种（系），从而达到改良重要生产性状（如生长率、遗传抗性等）或非常规性育种性状（如生产人类药用蛋白、工业用酶等）的目标。

由于动物分子育种是直接在 DNA 水平上对性状的基因型或基因进行选择，因此其选种的准确性大大提高，克服了传统动物育种方法的缺陷。按照常规育种方法要提高家畜的生产性能，如产奶量、乳蛋白、乳脂肪、增重速度、饲料利用率等，

人们往往需要进行多代选育。这种传统的方法存在着育种时间长、育成后再想引入新的遗传性状困难大等许多弊端，使带有新性状的品种可能同时也携带有害基因。而分子育种能够克服传统育种的各种缺陷，具有高效、快速育种的特点，目前已显示出了越来越强大的生命力，必将成为动物遗传育种学科发展的方向和21世纪动物育种的主流。采用分子育种，可使培育动物新品种的时间由过去的8～10代缩短到2～3代，其主要方法是对主要经济性状进行基因定位，通过参考群动物用遗传连锁法和候选基因法测定数量性状座位的主效基因以及DNA分子遗传标记法的辅助选择，这些措施的综合应用，可以大大提高产奶性能的选择进展，加快品种的改良和新品种的培育速度。利用分子手段研究决定目标性状的遗传机理及其制定相应的分子遗传标记辅助选择的方法和技术是目前动物分子育种研究随着生物技术的拓展和应用。另外，准确的基因导入会大大提高奶牛的产奶量，改变乳成分，提高牛奶品质，还可为人类提供更多的各种药用蛋白和营养保健品，使奶牛的经济用途更加广泛。

四、奶牛分子育种的应用

目前，奶牛分子育种仍处于发展时期，奶牛的分子育种研究主要集中在产奶性状、抗病特性和繁殖等若干重要经济性状。数量遗传学认为奶牛的产奶性状（包括产奶量、乳脂量、蛋白量、乳脂率、蛋白率等）为数量性状，是由微效多基因决定的，并受到环境因素的影响。在奶牛育种中，人们期望通过对以上重要经济性状（如产奶性状）密切相关的且与数量性状基因座位紧密连锁的分子遗传标记的选择达到提高育种值的准确性和早期选种的目的，从而在育种中获得更大的遗传进展。因此，奶牛的分子育种无疑将成为未来奶牛品种改良提高的主要工具。

第二节　基因组选择

基因组选择（Genomic Selection，GS）于 2002 年被首次提出，在很大程度上实现了分子标记辅助选择的优势。这种方法是利用覆盖全基因组的高密度分子标记进行标记辅助选择，可以追溯到大量影响不同数量性状的基因，从而实现对数量性状进行更准确的评定。这项新的育种技术正使全球奶牛遗传改良发生重大变革，多数主要奶业国家都已应用，但发达国家之间设置技术封锁，竞争大于合作。

一、基因组选择概念

（一）基因组与基因组选择

基因组（Genome）是指生物所携带的所有遗传信息的总和。基因组选择（Genome Selection，GS）是利用覆盖全基因组的高密度分子遗传标记（SNP）进行的标记辅助选择，是一种新的遗传育种新技术，正在使全球奶牛群体遗传改良发生重大变革，可以追溯到大量影响不同数量性状遗传效应的基因，从而实现对数量性状的更准确遗传评定。GS 技术首先应用于奶牛，在很多发达国家已经开展。Schaeffer（2006）证明在奶牛育种中应用有巨大的潜在作用（与后裔测定育种体系相比，可以节省 92% 的育种成本）。

（二）奶牛基因组测序工程于 2006 年年底已经测序完成牛全部 30 对染色体的基因组图谱（已知 DNA 分子的测序）

（1）脱氧核糖核酸（Deoxyribonucleic acid，简称 DNA）。又称去氧核糖核酸，是脱氧核糖核酸染色体的主要化学成分，同时也是组成基因的材料。有时也被称为"遗传微粒"，原因是在繁殖过程中，父代会把它们自己 DNA 的一部分复制传递到子代中，从而完成性状的传播。

（2）单核苷酸多态性（Single Nucleotide Polymorphism，简称 SNP）。指的是由单个核苷酸——A，T，C 或 G 的改变而引起的 DNA 序列的改变，造成物种之间染色体基因组的多样性，群体中至少 1% 的个体会发生变异，造成 SNP 的多样性，SNP 变异有三种多态性（图 3 - 1、图 3 - 2）。

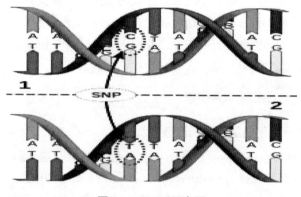

图 3 - 1　SNP 示意图

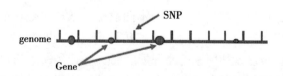

图 3 - 2　基因组、基因与 SNP 的关系图

二、奶牛基因组选择的基本思想

（1）在奶牛的基因组中存在大量遗传变异。

（2）最常见的遗传标记是 SNP，平均每 100 ~ 300bp 就有 1 个，奶牛基因组中至少发现 450 万个 SNP 标记。

（3）影响奶牛数量性状的基因至少于 1 个 SNP 标记紧密连锁。

（4）通过对所有标记效应的估计，实现对全基因组所有基因效应的估计，利用估计的标记效应计算个体育种值——基因组育种值（gEBV），根据 gEBV 的大小进行个体选择。

三、基因组选择的优势

（1）能够捕获基因组中的全部遗传变异，获得更高的选择准确性。

（2）可以不依赖表型信息，实现早期选择，缩短世代间隔，降低育种成本。

（3）降低近交增量。

（4）大幅度提高育种进展（20%~50%）。

（5）尤其对于低遗传力性状（如繁殖力）、生命晚期才能表现的性状（如生产寿命）、难以度量的性状（如抗病性）更具优势。

四、基因组选择的应用

（一）实现基因组选择的前提条件

（1）覆盖全基因组的高密度标记（SNP 标记），在奶牛基因组中已经发现了至少 450 万个 SNP 标记。

（2）对 SNP 标记的高通量测定技术——SNP 芯片技术。奶牛 SNP 芯片主要有 3 种，一是 800K 芯片（相当于 780 000个 SNPs），二是 50K 芯片（相当于 54 000 个 SNPs），三是 3K芯片（相当于 2 900个 SNPs）（图 3-3、图 3-4、图 3-5）。

（二）SNPs 在染色体上的分布

0 代表 SNP 基因型的第一纯合子，1 代表 SNP 基因型的杂

图 3 – 3　780K 芯片

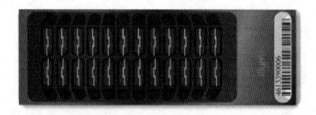

图 3 – 4　50K 芯片

图 3 – 5　3K 芯片

合子，2 代表 SNP 基因型的第二杂合子。

（三）基因组选择的基础工作及流程

1. 选择的基础工作

（1）建立参考群体。选择具有可靠育种值的验证公牛或母牛，获得每个个体的性状表型，用 SNP 芯片测定每个个体的 SNP 基因型（SNP 芯片技术）。

（2）SNP 数据的质量控制，利用估计 SNP 效应的统计分析系统，获得一套 SNP 效应估计值。

（3）建立估计 gEBV 的统计分析系统，预测候选个体的 gEBV 用于选种（图 3－6）。

```
1000111220020012111011112111101111001121100020122002220111
1202101200211122110021112001111001011011010220011002201101
1200201101020222121122102010011100011220221222112021120120
2010020220200002110001120201122111211102201111000021220200
0221012020002211220111012100111211102112110020102100022000
2201000201100002202211022112101121110122220012112122200200
0200202020122211002222222002212111121002111200110111101120
0202220001112011010211121211102022100211201211001111102111
2110211122000101101110202200221110102011121111011202102102
1211011022122001211011211012022011002220021002110001110021
1021101110002220020221212110002220102002222121221121112002
0110202001222222112212021211210110012110110200220002001002
0001111011001211021212111201010121202210101011111021102112
2111111212111210110120011111021111011111220121012121101022
20202121122212022200212121012121020110011122212101
```

图 3－6　SNP 基因型数据

2. 基因组选择的的流程

（1）测定候选个体的 SNP 基因型。

（2）计算个体 gEBV。

（3）依据 gEBV，结合其他信息进行遗传评定、排序，个体选择。

（四）基因组育种值——是所有标记效应的总和

（五）我国在基因组选择技术方面的应用

中国农业大学张沅教授和张勤教授课题组率先在国内开展了基因组选择的理论和方法研究，掌握了关键技术，发展了育种值估计等一系列新的方法，建立了高密度 SNP 效应估计和基因组育种计算分析平台，组建了中国荷斯坦牛基因组选择资源群体（图 3 – 7、图 3 – 8）。该参考群由 6 000 头母牛和 400 头公牛组成，其中母牛来自北京和上海地区奶牛群体，共 51 个公牛家系，分布在 50 个牛场，公牛来自北京、上海、山东、天津、黑龙江等地的 22 个公牛站。通过该资源群体可以高效估计荷斯坦牛 SNP 效应，估计青年母牛的基因组育种值，根据青年母牛的基因组育种值排队，早期选择青年母牛，促进优秀基因的快速传递，提高育种效益。

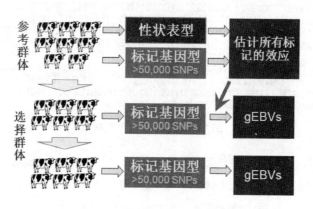

图 3 – 7　基因组检测过程图

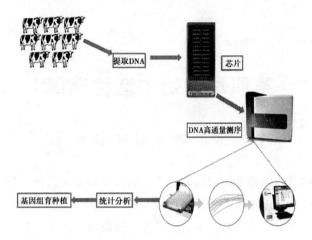

图 3 – 8 　基因组选择的过程图

第四章 奶牛选种选配

第一节 种牛的选择技术

准确地选择遗传素质真正优秀的种牛来繁殖后代，是奶牛群遗传改良成败的关键环节。主要内容包括后备种牛的选择、公牛后裔测定及良种母牛的选择等。现以荷斯坦牛为例说明具体选育方法，其他品种除各性状选择指标以外，其选择方法与荷斯坦牛基本相同。

一、后备公牛的选择

后备公牛是由遗传素质非常优秀的种子公牛和种子母牛定向选配所产生。具体选择方法如下。

（一）系谱选择

要求三代系谱清楚，公牛父亲（种子公牛）必须是经后裔测定证明为优秀的种公牛，一般占成年公牛群体的5%～10%；公牛母亲（种子母牛）一胎305天产奶应在9 000千克以上，最高胎次305天产奶量在11 000千克以上，乳脂率3.6%。此外，还应看父亲及远祖是否有遗传缺陷或隐性不良基因。

（二）外貌及发育鉴定

后备公牛在初生、6月龄及12月龄应各进行一次外貌及发育鉴定。要求后备公牛初生重应达到38千克。另外，后备公牛体型结构应符合品种要求。

（三）精液质量评定

经系谱选择和外貌及发育鉴定合格的后备公牛一般在 12～14 月龄开始采精，此时应按国家标准（GB 4143 牛冷冻精液）对其进行精液质量评定，如合格应在 18 月龄备足 800～1 000 剂冷冻精液，并准备参加后裔测定，精液质量长期不合格的后备公牛应淘汰处理。

二、种公牛的后裔测定

经选育合格的后备公牛，必须进行后裔测定。根据其女儿的生产性能和体型评定的结果，经过遗传评定来证明公牛本身遗传素质的优劣，是目前选育公牛的最可靠方法。

（一）后裔测定的基本过程

包括后裔测定公牛同与配母牛的随机配种、后裔测定公牛女儿出生与生长发育，女儿牛的配种、妊娠与产犊，女儿牛完成一胎产奶量等阶段。要求在每一个阶段都必须按要求做好各项测定和记录工作，主要包括繁殖记录、生长发育记录、生产性能记录和体型评定结果等。整个过程需要 5 年左右，待公牛已有后裔测定结果时，其年龄已达 6.5～7 岁。在公牛后裔测定期间，其育种值还无法确定，此期间公牛的使用目前有 3 种方法。

（1）后备公牛闲置饲养，不进行任何使用。为了保险起见，保存一定量的精液，以使后备公牛失去繁殖能力后仍能用保存的精液产生后代。此种方式称为待定公牛体系（WB）。

（2）后备公牛开始采精后即投入冻精生产，但在鉴定成绩出来之前，后备公牛的冻精大量保存，既不用于育种群，也不用于生产群。有鉴定成绩后，理想公牛的冻精投入使用，不理想公牛的冻精全部废弃。而此时理想公牛本身可能已经淘汰。此方式称为精液长期保存体系（SS），广泛应用于北欧诸国，又称斯堪的那维亚体系。

（3）后备公牛在有鉴定成绩之前即在育种群和生产群中使用，并且利用的年限较短，以缩短世代间隔，保存一定数量的后备公牛精液，已备日后定向选配。有鉴定成绩之后，用优秀公牛精液定向配种子母牛，以期得到种用公犊牛。此种方式称为青年公牛体系（YB）。

三种方式各有优缺点。前两种体系保证了在牛群中使用优秀公牛的冻精，但世代间隔拉长，影响遗传进展，并且公牛闲置饲养及大量废弃冻精的保存需要额外的费用。第三种体系虽然不能保证在牛群中使用最好的公牛，但世代间隔短，且费用低。

（二）公牛育种值的估计方法

目前种公牛的遗传评定采用的是最佳线性无偏估计（BLUP）法，其基本评定模型有动物模型和公畜模型两种。

（三）后裔测定结果具体公布内容

（1）后裔测定公牛女儿各性状的表型均值。

（2）后裔测定公牛各性状的育种值。

（3）育种值估计的可靠性。以 REL 或 R 表示，是 PTA（或 ETA）精确性的质量指标。

（4）遗传基础。指在遗传评定中动物个体育种值（如 PTA 或 ETA）比较的共同基础。

（5）总性能指数。以 TPI 表示，它是将产奶性状（产奶量、乳脂率、乳蛋白）和体型评定。

（6）标准化的预测传递力。以 STA 表示，是绘制体型形状柱形图的基础，其计算公式为。

STA =（公牛 PTA – 公牛群体均值 PTA）/公牛群体 PTA
的标准差

柱形图是将各体型性状的预期传递力（PTA）进行标准化
后的数据，以图形形式直观表示公牛对各性状的改良能力。它
是以性状平均数为轴、以标准差为单位绘制而成的。通常，
99% 的 STA 值在 – 3～3。

三、种母牛的选择

对种母牛的选择主要依据生产性能、繁殖性能和体型、外
貌及早期发育等表现进行选择。初生的犊牛应三代系谱清楚，
出生重在 35 千克左右（双胎除外）；在 6 月龄、12 月龄、第 1
次配种时应进行体尺、体重测量和外貌及发育鉴定，有明显缺
陷的个体及时淘汰；产犊后的成年母牛主要进行产奶性能和繁
殖性能的选择，淘汰产奶过低和繁殖能力极差的奶牛。由于我
国纯种荷斯坦牛头数相对较少，故对母牛的选择强度还是很小
的，农牧区和个体养牛基本上是见母就留，但对于奶牛育种场
来说还应当加大选择强度，必要时采用动物模型 BLUP 法进行
母牛的遗传评定，淘汰一批遗传素质低的母牛，而对于淘汰下
来的个体，如繁殖性能正常，可用作胚胎移植的受体母牛。

第二节　种公牛系谱的解读

种公牛的系谱记录了其出生日期、名字、各性状的育种值
及三代的谱系档案等个体信息，通过阅读这些信息，对种公牛
会有一个全面的了解：哪方面改良作用较好，哪方面改良作用
一般，属于哪一个家系，其母亲的产量如何等。对于种公牛系
谱，应该重点了解以下几方面的信息。

一、综合育种值

综合育种值是衡量一头种公牛综合素质的指标，值越高，说明公牛的综合性能越好。每个国家根据自己的育种方向不同，综合育种值的内容及各性状的权重有所不同，在选择种公牛时，可以根据需要进行取舍。简要介绍几个国家的综合育种值。

（一）中国奶牛性能指数（CPI）

$CPI1$：适用于既有女儿生产性能，又有女儿体型鉴定结果的国内后裔测定公牛，生产性状包括产奶量、乳脂率、乳蛋白率和体细胞评分，体型性状包括体型总分、乳房和肢蹄。计算公式如下。

$$CPI1 = 20 \times \left[\begin{array}{l} 30 \times \dfrac{Milk}{459} + 15 \times \dfrac{Fatpct}{0.16} + 25 \times \dfrac{Propct}{0.08} + 5 \times \dfrac{Type}{5} \\ + 10 \times \dfrac{MS}{5} + 5 \times \dfrac{FL}{5} - 10 \times \dfrac{SCS-3}{0.16} \end{array} \right]$$

$CPI2$：适用于仅有女儿生产性能的国内后裔测定公牛，生产性状包括产奶量、乳脂率、乳蛋白率和体细胞评分。计算公式如下。

$$CPI2 = 20 \times \left[30 \times \frac{Milk}{459} + 15 \times \frac{Fatpct}{0.16} + 25 \times \frac{Propct}{0.08} - 10 \times \frac{SCS-3}{0.16} \right]$$

$CPI3$：适用于国外引进的有后裔测定成绩公牛。计算公式如下。

$$CPI3 = 20 \times \left[\begin{array}{l} 30 \times \dfrac{Milk}{800} + 10 \times \dfrac{Fatpct}{0.3} + 20 \times \dfrac{Propct}{0.12} + 5 \times \dfrac{Type}{5} + 15 \times \dfrac{MS}{5} \\ + 10 \times \dfrac{FL}{5} - 10 \times \dfrac{SCS-3}{0.46} \end{array} \right]$$

各性状育种值代表符号及标准差见表 4-1。

表 4 –1 CPI 各性状育种值代表符号及标准差

性状	各性状育种值代表符号	国内后测公牛标准差	国外后测公牛标准差
产奶量	Milk	459	800
乳脂率	Fatpct	0.16	0.3
乳蛋白率	Propct	0.08	0.12
体型总分	Type	5	5
泌乳系统	MS	5	5
肢蹄	FL	5	5
体细胞评分	SCS	0.16	0.46

TPPI：中国总性能系谱指数。用乳脂量和乳蛋白量代替产奶量、乳脂率和乳蛋白率，增加体型总分、长寿性和繁殖力性状育种值。使用的性状包括父亲和外祖父的乳脂量、乳蛋白量、体型总分、乳房、肢蹄、长寿性、繁殖力和体细胞评分等性状。

$$TPPI = 100 + 20 \times 0.5 \times \left[20 \times \frac{F\_Fai - 6}{31} + 40 \times \frac{F\_Pro - 9}{25} + 5 \times \frac{F\_Type}{5} + \right.$$

$$15 \times \frac{F\_MS}{5}$$

$$\left. + 5 \times \frac{F\_FL}{5} + 5 \times \frac{F\_HL - 100}{5} + 5 \times \frac{F\_DF - 100}{5} - 5 \times \frac{F\_SCS - 3}{0.46} \right] +$$

$$20 \times 0.25 \times \left[20 \times \frac{G\_Fai - 6}{31} + 40 \times \frac{G\_Pro - 9}{25} + 5 \times \frac{G\_Type}{5} + 15 \times \frac{G\_MS}{5} + \right.$$

$$\left. 5 \times \frac{G\_FL}{5} + 5 \times \frac{G\_HL - 100}{5} + 5 \times \frac{G\_DF - 100}{5} - 5 \times \frac{G\_SCS - 3}{0.46} \right]$$

（二）美国的总性能指数（TPI）

2011 年美国荷斯坦牛的 TPI 由三部分组成：产量、健康和繁殖、体型性状育种值。其计算公式如下。

$$\left[\frac{27\,(\mathrm{PTAP})}{19.4} + \frac{16\,(\mathrm{PTAF})}{23.0} + \frac{10\,(\mathrm{PTAT})}{0.73} - \frac{1\,(\mathrm{DF})}{1.0} + \frac{12\,(\mathrm{USC})}{0.8} + \right.$$

$$\left. \frac{6\,(\mathrm{FLC})}{0.85} + \frac{9\,(\mathrm{PL})}{1.26} - \frac{5\,(\mathrm{SCS})}{0.13} + \frac{11\,(\mathrm{DPR})}{1.0} - \frac{2\,(\mathrm{DCE})}{1.0} - \frac{1\,(\mathrm{DSB})}{0.9} \right] 3.8 + 1832$$

其中，PTAP 为乳蛋白预期传递力；PTAF 为乳脂肪预期传递力；PTAT 为体型预期传递力；DF 为体型标准化遗传力；UDC 为乳房结构；FLC 为肢蹄；PL 为生产寿命预期传递力；SCS 为体细胞评分预期传递力；DPR 为女儿妊娠率预期传递力；DCE 为女儿产犊难易度预期传递力；DSB 为女儿死胎率预期遗传力。

（三）加拿大的终生效益指数（LPI）

2012 年加拿大荷斯坦牛的 LPI 由三部分组成：产量、持久力、健康和繁殖性状育种值。其计算公式如下。

LPI = 产量组成 × 51 × 1.5229 + 持久力组成 × 34 × 1.4648 + 健康和繁殖组成 × 15 × 1.4824

其中，产量组成包括乳蛋白量和乳脂量性状；持久力组成包括在群寿命、乳房系统、肢蹄和乳用强壮度性状；健康和繁殖组成包括体细胞评分、乳房深度、泌乳速度、女儿生育力和胎次持续力性状，每一组成由其所包括的性状按照一定的加权计算而成。

（四）德国的总效益指数（RZG）

德国荷斯坦牛的 RZG 由六部分组成：泌乳性能、功能性寿命、体型、女儿繁殖性能、乳房健康和产犊性能等性状育种值。其计算公式如下。

RZG = 45% RZM + 20% RZN + 15% RZE + 10% RZR + 7% RZS + 3% CV

其中，RZM 为泌乳性能，包括乳脂量、乳蛋白量、乳脂率、乳蛋白率等泌乳性状；RZN 为功能性寿命；RZE 为体型，包括肢蹄、乳房等性状；RZR 为女儿繁殖性能，包括妊娠率和情期受胎率；RZS 为乳房健康，主要是体细胞数性状；CV 为产犊性能，包括死胎率、产犊难易度等性状。

（五）法国综合育种值（ISU）

法国荷斯坦牛的 ISU 由产量、体细胞评分、临床乳房炎、成母牛繁殖力、头胎牛繁殖力、收藏输精间隔、长寿性、泌乳速度、体型总分等性状育种值。其计算公式如下。

$$ISU = 100 + (19.62/0.35) × [0.35 × Syntlait/25.2 + 0.108 CEL + 0.072 MACL + 0.11 FER + 0.055 FERG + 0.055 IVIA + 0.05 LGF + 0.05 VT + 0.15 MO]$$

其中，Syntlait 为产量综合指数，包括乳蛋白量育种值 MP、乳脂肪量育种值 MG、乳脂房率育种值 TB、乳蛋白率育种值 TP；CEL 为体细胞评分育种值；MACL 为临床乳房炎育种值、FER 为成母牛繁殖力、FERG 为头胎牛繁殖力、IVIA 为收藏输精间隔、LGF 为长寿性、VT 为泌乳速度、MO 为体型总分。

（六）澳大利亚生产效益指数（APR）

澳大利亚的 APR 由 8 个方面组成：乳蛋白量、乳脂肪量、产奶量、生产寿命指数、挤奶速度、性情、体细胞、活重等性状育种值。其计算公式如下。

$$APR = [3.8 × Protein（蛋白质）ABV] + [0.9 × Fat（脂肪）ABV] - [0.048 × Milk（产奶量）ABV] + [3.9 × Survival Index（生产寿命指数）] + [1.2 Milking Speed（挤奶速度）ABV] + [2.0 Temperament（性情）ABV] - [0.34 × Somatic Cell Count（体细胞）ABV] - [0.26 × Liveweight（活重）ABV]$$

二、泌乳性能

公牛的泌乳性能包括产奶量、乳蛋白量、乳蛋白率、乳脂量和乳脂率等性状育种值，一般是以该国家一定时期内的泌乳牛的平均值作为基础零值，公牛所有女儿的平均值与之比较得出的值。国内大部分奶牛场的产奶量不高，所以应该把产奶量作为主要的育种目标之一。

三、体型性状

优秀的体型是奶牛高生产性能的基础。种公牛的体型改良能力一般通过柱形图来表示，比较直观，可以有针对性的进行选择。重点关注乳房结构、肢蹄等性状。

四、功能性状

功能性状指长寿性、体细胞评分、产犊难易度、受胎率以及死胎率等性状，这些性状影响奶牛是否能获得最佳的经济效益。

五、荷斯坦种公牛系谱中符号说明

（一）国家代码

CHN 中国　USA 美国　CAN 加拿大　　AUS 澳大利亚
NLD 荷兰　FRA 法国　DEU（GER）德国　ITA 意大利
NZL 新西兰 DNK 丹麦　GBR 英国

（二）育种值

1. 中国

CPI——中国奶牛性能指数

TPPI——中国总性能系谱指数

GCPI——中国奶牛基因组性能指数

Milk——产奶量　　　　　　Fatpct——乳脂率

Propct——乳蛋白率　　　　Type——体型总分

MS——泌乳系统　　　　　　FL——肢蹄

SCS——体细胞评分

2. 美国

TPI——总性能指数　　　　　CTPI——母牛总性能指数

GTPI 基因组总性能指数　　　ME——成年当量

PTA——预期传递力　　　　　M——产奶量

F——乳脂量　　　　　　　　F%——乳脂率

P——乳蛋白量　　　　　　　P%——蛋白率

R%——可靠性　　　　　　　T——体型

SCS——体细胞评分　　　　　DF——体型标准化遗传力

UDC——乳房结构　　　　　　FLC——肢蹄

PL——生产寿命　　　　　　　DPR——女儿妊娠率

DCE——女儿产犊难易度　　　DSB——女儿死胎率

NM——效益净值　　　　　　　DA——女儿平均数

3. 加拿大

LPI——终生效益指数　　　　EBV——估计育种值

ETA——估计传递力　　　　　ME——成年当量

M——产奶量　　　　　　　　F——乳脂量

P——乳蛋白量　　　　　　　F%——乳脂率

P%——乳蛋白率　　　　　　R%——重复率

FrC——体躯容量　　　　　　FL——肢蹄

Conf——结构容量　　　　　　BD——体容积

FU——前乳房　　　　　　　　RU——后乳房

MS——泌乳系统　　　　　　　DC——乳用特征

ST——风度　　　　　　SZ——大小

FC——外貌等级分　　　BCA——品种等级平均值

4. 德国

RZG——总效益指数　　　RZM——泌乳性能

RZN——功能性寿命　　　RZE——体型

RZR——女儿繁殖性能　　RZS——乳房健康

CV——产犊难易度

5. 法国

ISU——综合育种值　　　GISU——全基因组综合育种值

MP——乳蛋白量　　　　MG——乳脂肪量

TB——乳脂房率　　　　TP——乳蛋白率

CEL——体细胞评分　　　MACL——临床乳房炎

FER——成母牛繁殖力　　FERG——头胎牛繁殖力

IVIA——收藏输精间隔　　LGF——长寿性

VT——泌乳速度　　　　MO——体型总分

6. 澳大利亚

APR——生产效益指数　　ASI——公牛指数

ABV——澳大利亚育种值　OT——体型总分

MS——泌乳系统　　　　F——乳脂量

P——乳蛋白量　　　　　F%——乳脂率

P%——乳蛋白率　　　　R%——重复率

（三）体型外貌等级评分

EX——优秀（90～100分）　　VG——优良（85～89分）

GP——好加（80～84分）　　　G——好（75～79分）

F——一般（65～74分）　　　P——差（64分以下）

（四）奖项

1. 美国

GM——金牌公牛　　　　GMD——金牌母牛

DOM——种子母牛

2. 加拿大

SP——超级生产奖　　　　　　ST——超级外貌奖

EXTRA——特别奖、同时获得超级生产和超级外貌奖

（五）遗传代码

BLAD——牛白细胞黏附力缺乏症

TL——通过 BLAD 测试　　CV——脊椎畸形综合征

TV——通过 CV 测试

DP——尿苷磷酸盐合成酶缺乏症（DUMPS）

TD——通过 DP 测试　　　　SI——先天性缺皮症

MF——单蹄症　　　　　　TM——通过 MF 测试

BD——牛软骨发育不全　　DF——牛侏儒症

PG——延期妊娠　　　　　RC——红毛基因携带者

TR——无红毛基因　　　　BVDV——牛病毒性腹泻症

HL——先天性稀毛症　　　PC——无角

PT——先天性叶琳代谢症（红齿症）

Black/Red——黑毛/红毛

（六）其他

ET——胚胎移植　　　　　RC——红色基因携带者

H——（HERDS）——牛群数

D（DAUS）——女儿数　　LACE（S）——泌乳期

DOC——产犊年龄　　　　DIM——产奶天数

YR（AGE）——年龄

2X、3X——日挤奶两次或三次

6LACT—— 六个胎次总产奶量

STA——标准化传递力　　　　AVG——平均值

第三节　奶牛选配的原则与方法

选配是有意识地确定公母牛交配组合、产生特定基因型后代的过程，是与遗传选择相互衔接的两个奶牛育种技术环节。正确的选配要求把具有优良遗传特性的公母牛进行合理组合，产生优良的基因型，使后代获得较大的遗传改进。因此，选配与选种具有同等重要的地位。

一、选配的基础工作

(一) 确定育种目标

通过各种措施的实施，培育出优良的种牛，特别是培育出优秀的种公牛，并利用这些牛在预期的生产条件和市场形势下，使牛群在一定期间内获得最大的经济效益。

(1) 主要性状。如产奶量、乳脂率、乳蛋白率等。

(2) 次要性状。如繁殖性状 (情期一次受胎率、产犊间隔、初产月龄等)；保持力、泌乳速度；体细胞数、产犊难度。

(3) 经济加权值。以上性状的相对重要性之比，一般为 2 : 2 : 1。

(二) 了解牛群的基本情况

主要包括以下内容。

(1) 牛群的血缘关系。牛群中主要集中了哪些主要公牛的后代，以防今后选配时发生近亲繁殖。

(2) 牛群的生产性能。总体生产水平，不同生产水平的个体及在牛群中的比例，不同血统公牛后代生产性能及其他性状在牛群中的表现情况。

（3）牛群体型评分、体尺、体重情况。

（4）牛群繁殖性能情况。

（5）将以上情况与牛群上一世代进行比较，同时与本地区牛群比较。

（6）提出牛群具有优秀表现的性状和需要进一步改进的性状。

（7）根据牛群备性状的表现，总结出一些最佳选配组合。

（三）了解公牛站的公牛资料，从中选出备选公牛

（1）了解该公牛站牛群整体情况。品种结构、血缘情况、牛群育种值估计情况（评定方法、遗传基础、留种率、后备公牛选择途径）、公牛饲养管理与疾病防治情况等。

（2）公牛系谱分析。对公牛三代以上系谱进行分析，此点对选用后备种公牛很重要。

（3）核查公牛后裔测定结果。包括育种值、可靠性、遗传基础。

（4）对种公牛进行外貌体型审查（看公牛或照片）。包括生长发育情况，体型有无缺陷、毛色、乳用特征等。

（5）结合本场奶牛群实际情况选用适宜的种公牛，用于本群奶牛的遗传改良。

二、选配的方式及原则

（一）选配的方式

有同质选配和异质选配两种，应根据育种目标确定。

（1）同质选配。将具有相同有点的公母牛配对，以期固定优良的性状。在杂交阶段之后的横交固定阶段一般使用同质选配，为了尽快固定某一优良性状而采用的近亲繁殖也属于同质选配。

（2）异质选配。将具有不同优良性状的公母牛配对，以期在后代中产生具有双亲优良性状的个体。将同一性状的表现优劣不同的公母牛配对，以期校正不良性状，也属于异质选配。异质选配之后立即转入同质选配。

（二）选配原则

（1）根据育种目标，选配应有利于巩固优良性状、改进不良性状。

（2）根据牛只个体亲和力和种群的配合力进行选配。

（3）遗传素质应至少高于母牛一个等级。

（4）对青年母牛选择后代体重较小的与配公牛。

（5）优秀公母牛采用同质选配，品质较差的公母牛采用异质选配，但应避免相同或不同缺陷的交配组合。

三、选配的方法

（一）个体选配

每头母牛都按自己的特点与最优秀的种公牛进行交配。在这样的选配中获得优良的公牛比母牛更为重要。

（二）群体选配

这种选配方式多应用于生产群。这种选配是根据母牛群的特点来选择 2 头以上种公牛，以 1 头为主，其他为辅。但要注意由供精液单位获得该公牛后裔测定的有关资料，以免近亲繁殖，或有遗传缺陷。

（三）个体群体选配

这种选配要求把母牛根据其来源、外貌特点和生产性能进行分群，每群要选择比该牛群优良的种公牛进行交配。

四、避免过度近交

（一）近交及其度量

（1）近交的定义。近交是指具有亲缘关系的个体之间的交配，通常将交配双方到共同祖先代数之和不超过6代（所生子女的近交系数大于0.78%）的交配称为近交。

（2）近交程度的度量。近交程度用近交系数表示，近交系数的定义为形成近交个体 X 的两个配子（精子和卵子）之间的相关系数，反映了单一个体的遗传纯度。其计算公式为：

$$F_x = \sum \left[(1/2)^{n_1 + n_2 + 1} \times (1 + FA) \right]$$

其中，F_x 为为个体 X 的近交系数；n_1、n_2 为分别为个体 X 的父亲、母亲到共同祖先的代数；FA 为为共同祖先 A 的近交系数。

（二）近交的负效应

近交将产生近交衰退，具体表现为生活力和繁殖力下降，遗传缺陷增加，死胎，畸形增多、生长速度慢、淘汰率增加、产奶性能降低，这种近交衰退程度将随近交系数的增加而增大。

（三）近交的正效应

近交的基本作用是使基因纯合，除使隐性有害基因暴露出来产生近交衰退外，还可使优良有利基因得以纯合，从而起到固定优良性状的作用，是选育优秀种牛的一个手段，当今国内外最优秀的种公牛均有一定程度的近交系数。因此近交在奶牛育种中也是一个常用的手段。

（四）合理应用近交

在奶牛正常生产中应合理利用近交，避免过度近交，在正常生产中近交系数应控制在6.25%以下。

五、如何提高 21 日妊娠率

一般情况下，奶牛场群体 21 日妊娠率平均水平为 16%，比较好的为 20%，最优秀的应在 25%。如不采取适当措施，很少有能达到 35% 以上者。如何提高 21 日妊娠率呢？常用办法有以下 3 种。

1. 采用计步器技术

该技术原理是母牛发情时活动量增加，如能准确记录，就能及时揭示发情牛并适时配种，从而提高 21 日妊娠率。

2. 采用同期排卵技术

目前国内使用同期排卵技术的奶牛场有长富集团、恒天然奶牛场、辉山乳业集团、华夏奶牛场等等。应用同期排卵技术的效果：21 日妊娠率变动在 28%（恒天然奶牛场）~31%（长富集团）。

3. 配种后 35 日内必须完成孕检

配种后 32~35 日内必须完成孕检，或采用 B 超技术，或学习掌握徒手触摸胎膜滑动法。

第五章　奶牛人工授精

第一节　牛冷冻精液生产技术简介

根据所需要的生产方向，由育种部门根据牛的谱系选择留种，早期采精后进行后裔测定并根据测定结果选育作为生产用的种公牛，公牛进站前需要做疾病检测和 45 天的隔离观察，确定健康后才能进站。

公牛选定后应及早进站，尽早安装鼻环，方便牵拉和挂牛。根据身体发育情况确定个体公牛的饲草、料供给量。单栏饲养，以免发生相互爬跨造成公牛受伤。

观察公牛的精神状况。饲养人员禁止随意戏弄公牛，对于已经形成恶癖的公牛在牵拉采精、刷拭过程中需格外小心，避免出现公牛伤人情况。采精过程中需要听从采精人员的安排，确保安全，采集到优质的鲜精液。

一、精液的采集

采精是人工授精的首要技术环节。采精的基本要求是：使用的器械简单、操作方便。

（一）采精前准备

1. 采精器械的清洗与消毒

采精所用的所有器械均需要消毒处理，防止污染精液。在使用前要严格消毒，每次采精结束后必须洗刷干净。

（1）玻璃器皿采用高温消毒，一般温度要求是 130～150℃，保持 20～30 分钟，待温度降至 60℃以下时才能取出使用。

（2）橡胶制品采用 75% 的酒精擦拭消毒，采精漏斗用沸水蒸气进行消毒。

（3）金属器械采用新消尔灭等消毒溶液浸泡，然后用生理盐水冲洗干净，或用酒精灯火焰消毒。

（4）采精用器皿和毛巾、纱布等用高压蒸气消毒，为防止爆裂，器皿应用纱布包扎或在瓶塞上插入一针头用于排气。

2. 假阴道的准备

假阴道安装前应先检查外壳、内胎是否破损、沙眼、老化发黏等不正常情况，否则会发生漏水、漏气而影响采精。北京奶牛中心种公牛站在改进法国牛用假阴道的基础上研制出一种新型牛用假阴道，具有鸡皮内胎表面等特点，有利于刺激性反射，对提高采精的数量和质量有明显的效果。

安装好的假阴道需具备有适宜的温度 38～40℃，恰当的压力（冲气后内胎入口自然呈"X"或"Y"形）和一定的润滑度等基本条件，才能满足公牛的需要，顺利的采得精液。

3. 采精现场的准备

采精时需要有良好的、固定的场所和宽敞、平坦、防滑、安静、清洁的环境，使公牛建立巩固的采精条件反射。用于保定台牛的采精架和假台牛必须坚固牢实，安放的位置需要便于公牛进出和采精人员操作。现场打扫干净，并配有喷洒消毒和紫外线照射灭菌设备。为刺激公牛性欲，可安装多个采精架、多个台牛，保证采精顺利进行。

4. 台牛的准备

台牛有真假之分，假台牛是模仿母牛的大小，选用钢管或木料等材料作成牛形状的具有一定支撑力的支架，然后用海绵或泡沫塑料等有弹性的填充物铺在架背上，在其表面上包裹一层牛皮或麻袋，假台牛后部应有一个可以调节高度的装置，适应不同高度的公牛。真台牛就是用活体牛作为台牛，作为台牛的基本条件是健康无病（包括性病、传染病、寄生虫病等）、体格健壮、大小高度适中、性情温顺且无踢腿等恶癖的公牛或发情母牛。活台牛的保定需要牵拉到固定地点的采精架中，用绳索固定角或脖套，保证台牛尽量少活动。

5. 种公牛的准备

制定严格的采精程序，根据种公牛的年龄、体况、季节，性欲等情况合理安排公牛的采精时间，一般每周采精 2 次，每次采 2 回。种公牛在采精时需要进行包皮消毒和诱情即性准备等两个步骤。采精前需要对包皮进行消毒或高压清洗，清除阴茎上可能存在的异物或有害物质。提高种公牛的性欲可以通过以下方法实现空爬跨、抑制爬跨、更换台牛、更换地点、观摩或引诱、被爬跨、按摩等措施。

（二）精液的采集

采精的方法包括假阴道法，手握法、电刺激法、按摩法等，下面简单介绍假阴道法采精的操作过程。

饲养员根据采精员的指挥，让公牛进行空爬跨，采精员应用手拢住阴茎避免阴茎与台牛尾部摩擦损伤阴茎，造成精液污染或精液外射，待第 2 次空爬跨后，左手拢住阴茎，右手持假阴道对准种公牛的阴茎并与阴茎呈一定角度，让种公牛自行前冲，采到精液（牛有前冲动作即是射精动作），待射精后的种公牛从台牛身上跳下来后将假阴道从阴茎上取下，需要防止精液外流，由于公牛的精液受强光的影响较大，因此采精后尽量不要将精液暴露在强光下。收集种公牛的个体信息（耳标或电子信息收集系统减少出错），将采集到的精液送到实验室进行处理。

二、精液处理

(一) 鲜精液品质检查

鲜精液品质检查是为了鉴别精液品质的优劣。评定精液质量的各项指标性能确定鲜精液稀释保存的依据，还能反映公牛饲养管理和生殖器官的机能状态。

1. 精液外观的检查

主要通过外观肉眼观察，对精液品质作出初步的估测。检查项目包括精液量、色泽、气味、状态等。精液量现在通常的做法是通过称量法，根据比重确定精液的采集量（毫升）或直接通过带有刻度的试管读取；色泽是通过观察精液的色泽，牛的精液色泽一般为乳白色或乳黄色；牛的精液略带有腥味，牛精液由于密度较高，肉眼观察呈云雾状运动。

2. 精液 pH 值检查

公牛的精液 pH 值一般在 7 左右，通过 pH 值试纸进行检查。

3. 精子活率检查

精子活率是指精液中呈直线运动精子所占的比例。只有呈直线运动精子才具备受精的能力，与母牛的受胎率有关，因此评定精液品质的优劣的常规检查是主要指标之一。检查方法包括目测评定、死活精子计数法等。目测法检查通常是 200 ~ 400 倍的显微镜下操作，将精液置于恒温的载物台上，盖上盖玻片，视野置于盖玻片中央，调节焦距进行活力评估。活力评定等级为 0.1 ~ 1.0 十个等级，牛的新鲜精液活力一般为 0.7 ~ 0.8；死活精子计数法是通过活精子对特定染料不着色而死精子着色的特点来区分死、活精子的。也是通过 400 ~ 600 倍显微镜放大随机观察 500 个精子，计算出精子的活力。

4. 精液的密度检查

精液密度是指每毫升精液中所含的精子数。根据精液量和密度计算出一次采精的精子总数，根据冷冻后活力确定每一剂量中精子数，根据精子数确定稀释剂量及细管数，即每次采精所生产的细管数量。检查方法包括目测法、血细胞计数法、光电比色法等。目测法是通过观察精液的浓密程度确定密度，比较粗略，分为稠密、中等和稀薄三个等级。牛的每毫升 12 亿以上为稠密，8 亿～12 亿为中等，8 亿以下为稀薄。主观性比较大，测量不够准确，误差大，但方法简单；血细胞计数法是通过按照一定的比例将精液进行稀释后滴入血细胞计器中，通过数方格内的精子数计算得出精液密度，方法繁琐但计算比较准确，易出现误差（样品吸收、稀释需要准确；容易出现重复计数；需要测定多个样品取平均数）；光电比色法是目前应用比较广泛的方法，原则是精液的密度越大，透光度越低，使用光电比色计通过透射光，准确的测定精子密度。方法准确方便、样品用的少、操作简便快捷。

5. 精子形态检查

精子的形态是否正常与母牛的受胎率密切相关。精子形态检查包括畸形率和顶体异常率。畸形精子包括头部畸形、颈部畸形、尾部畸形。造成精子畸形的原因包括遗传、年龄、精子生成过程受到破坏、季节变化、采精频率过高、营养、副性腺及管道分泌物的病理变化等。精子畸形率的检查方法是通过精液抹片风干、固定后，用染液（如美蓝）染色 3 分钟后水清洗干燥，放在 600 倍的显微镜下观察，数不少于 200 个精子，并数出其中畸形精子的数量，可以计算精子的畸形率，一般牛的精子畸形率应低于 20%，才能保证母牛受胎率；顶体异常包括膨胀、部分或全部脱落。精子顶体异常率的检查方法是精液抹片风干、固定后，用姬姆萨染液染色 1.5 ~ 2 小时，水洗，自然干燥后，置于 1 000 倍的油镜下观察至少 200 个精子，数出其中的顶体异常精子，可以计算精子的顶体异常率，一般牛的精子顶体异常率低于 60%。

6. 精液的生物化学检查

包括精子耗氧量的测定、果糖分解测定、亚甲基蓝褪色试验等。

7. 其他检查

包括存活时间和存活指数、精液的细菌学检查等。

（二）精液的稀释

1. 精液冷冻稀释液的配制

稀释液应由稀释剂、营养剂、保护剂（缓冲物质、非或弱电解质、防冷刺激物质、抗冻物质、抗菌物质等）等构成。稀释液主要是扩充精液容量，因此必须与精液的渗透压相同或相近，能够提供精子营养，保护精子免受低温侵害。根据地区不同选择适合的稀释液，必须做到无毒、无菌，与采集到的精液等温才能稀释。

2. 精液稀释

根据测定的精液密度和采精量，计算出精液的稀释总量，减去采精量得出加入稀释量。例如，①密度为 10 亿/毫升，②采精量为 10 毫升（要求精液的冷冻后活力为 0.4），③细管的容积为 0.23 毫升/支，④每支细管中装入精子总数为 2 500 万个，即为 0.25 亿（国标中要求每剂细管中呈直线运动的精子数为 1 000 万个，1 000/0.4 = 2 500 万），（①×②/④）×③ = 92 毫升，那么加入稀释液的量为 92 - 10 = 82 毫升。精液稀释要做到缓慢、准确。根据自身情况采取不同的稀释方式（一次稀释和二次稀释等）。

3. 精液的封装、平衡、冷冻

稀释后的精液在常温下封装，二次稀释条件下需要在低温下封装，保证细管上的公牛信息准确无误，字迹清晰，封装后的细管放入到 0 ~ 4℃ 的低温冷柜中降温和平衡（保证精液内外离子平衡），平衡时间一般为 4 小时以上。将平衡好的细管码放在支架上，保证公牛间不混淆，按次序码放整齐。置入冷冻设备中，按设定的程序进行冷冻，一般冷冻时间为 7.5 ~ 8 分钟，用敞口液氮罐冷冻，初始的温度为 -120℃（一般用液氮作为冷源），将码好的细管置入其中，设定时间即可；用程序冷冻仪的初始温度为与平衡细管的温度一致，按操作程序进行冷冻，两种疗法的冷冻效果相同，但前一种方法的冷冻数量较少，后一种冷冻方法的冷冻数量较高但成本很高。

4. 精液冷冻后的质量检查

每一批精液冷冻后，必须对每一头牛的精液进行解冻检查冻后活力，解冻温度为 38℃，活力达到国家标准以上才能入库销售。冻精的质量检查还包括存活时间、形态、细菌微生物、计量等方向。

5. 包装、运输、贮存

精液按照一定的数量包装在指形管内或纱布袋中，包装过程必须在 -140℃ 以下进行，防止细管中的精液升温影响精液质量，包装后放入液氮贮存容器中方便运输。运输过程需要有专人负责，防止发生倾倒、碰撞、强烈震动及液氮外溢伤人，并保证冻精始终浸在液氮中。贮存精液应由专人负责，每头牛的冻精单独贮存，容器外有明显的标志，每年对精液贮存罐清洗一次并及时更换液氮，取放精液时，冻精离开液氮面的时间不得超过 10 秒。

第二节　母牛的生殖器官及生殖生理

一、母牛生殖器官

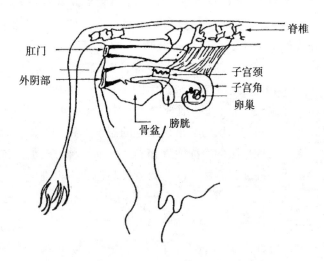

图 5 - 1　母牛生殖器官

(一) 卵巢

牛的卵巢为扁椭圆形 (羊的略圆小)，如手指肚大小。多位于骨盆腔，在子宫角尖端外侧 2 ~ 3 厘米，初产及经产胎次少的母牛，卵巢均在耻骨前缘之后。经产母牛，子宫角因胎次增多而逐渐垂入腹腔，卵巢也随之前移至耻骨前缘前下方 (图 5 - 1)。卵巢皮质部分布着许多原始卵泡。众多卵泡中只要一小部分发育成熟，并破裂排出卵子。卵泡膜可分为血管性的内膜和纤维性的外膜。内膜分泌雌激素，一定量的雌激素是导致母牛发情的直接因素。而排卵后形成的黄体可以分泌孕酮，它是维持母牛妊娠所必需的激素之一。

（二）输卵管

输卵管为卵子进入子宫必经的通道。为一对多弯曲的细管，位于每侧卵巢和子宫角之间，由子宫阔韧带外缘形成的输卵管系膜所固定。输卵管根据形态和功能可分三部分：输卵管漏斗，管伞，输卵管壶腹、峡部。

从卵巢排出的卵子首先被输卵管伞接纳，借平滑肌的蠕动和纤毛的活动将其运送到漏斗和壶腹。并借助输卵管的蠕动，卵子通过壶腹的黏膜壁被运送到壶峡连接部。同时将精子反方向由峡部向壶腹部运送。受精后，受精卵在输卵管内要完成近一周的发育，由壶腹部下行进入子宫角。输如卵管壶腹部为精子与卵子结合的部位。受精卵边卵裂边向峡部和子宫角运行。输卵管的分泌物主要是黏蛋白和黏多糖，它是精子、卵子及早期胚胎的培养液。输卵管的分泌作用受激素控制，发情时分泌能力强。

（三）子宫

牛的子宫分为子宫角、子宫体、子宫颈三部分。子宫借阔韧带附着于腰下和骨盆的两侧。子宫角成对，角的前端接输卵管，后端汇合成子宫体，最后由子宫颈接阴道。

牛的子宫特点属对分子宫，正常情况下，子宫角长达20～30厘米，角的基部粗2～3厘米。子宫体较短，长3～5厘米。青年母牛和产胎次数较少的母牛子宫角弯曲如绵羊角状，位于骨盆腔内。经产胎次多的母牛子宫并不能完全恢复原来的形状和大小，所以子宫常垂入腹腔。两角基部之间的连接处有一纵沟，称角间沟。子宫黏膜有100～200个突出于表面的子宫肉阜，阜上没有子宫腺，但深部含有丰富的血管，妊娠时子宫肉阜发育为母体胎盘。牛的子宫颈长8～10厘米，粗

3～4厘米，位于骨盆腔内，壁厚而硬，不发情时管腔封闭很紧，发情时也只能稍开放。子宫颈阴道部粗大，突入阴道2～3厘米，黏膜有放射状皱褶，经产母牛的皱褶有时肥大如菜花状。子宫颈肌的环状层很厚，构成3～5个横的新月形皱褶，彼此嵌合，使子宫颈管成为螺旋状。子宫颈黏膜是由柱状上皮细胞组成，发情时分泌活动增强。

母牛发情配种后子宫颈口开张，有利于精子逆流进入。子宫颈黏膜隐窝内，可积存大量精子，同时阻止死精子和畸形精子进入，并借助子宫肌有节律的收缩，运送精子到输卵管。子宫内膜还可供孕体附植形成母体胎盘，与胎儿胎盘结合，为胎儿的生长发育创造良好的条件。妊娠时，子宫颈柱状细胞分泌高度黏稠的黏液，形成栓塞，防止异物侵入，有保胎作用。分娩前栓塞液化，子宫颈扩张，以便排出胎儿。

在发情周期的一定时期，一侧子宫角内膜所分泌的前列腺素 $F_{2\alpha}$，对同侧卵巢的周期黄体有溶解作用，使黄体机能减退。垂体又大量分泌促卵泡素，引起卵泡发育，导致再次发情。妊娠后不释放前列腺素 $F_{2\alpha}$，黄体继续存在，维持妊娠。

（四）阴道

阴道既是母牛的交配器官，又是胎儿娩出的通道。其背侧为直肠。腹侧为膀胱和尿道。

（五）外生殖器官

有尿生殖前庭、阴唇、阴蒂。

二、母牛的生殖激素

母牛的繁殖生理活动是相当复杂的，它的生理变化均是在激素的直接或间接影响下实现的，而生殖器官几乎全部受生殖激素的直接控制。生殖激素分泌紊乱，常常是造成动物不育的重要原因。

（一）生殖激素的概念

机体内有一种具有分泌机能的无管腺体组织，其分泌物由腺细胞分泌直接透入血管和淋巴管，从而传播至全身。这种腺体称为内分泌腺，内分泌腺及体内特异活细胞所分泌的生物活性物质就称为激素。与家畜生殖活动关系密切的激素称为生殖激素。

（二）生殖激素的分类

生殖激素的种类很多，目前已知的就有 50 种以上。可根据化学结构、产生的部位和作用进行分类。

（三）生殖激素的功能与应用

1. 促性腺激素释放激素（GnRH）

可用来调整牛生殖机能紊乱和诱发排卵。第一，生理剂量的促黄体激素释放激素（LH－RH）主要引起垂体促黄体素LH 和促卵泡素 FSH 的释放与合成，但以对 LH 的刺激作用为主。第二，长时间或大剂量应用 LH－RH 或其高活性类似物，会产生抗生育功能，由于这种功能与它原来的促进 LH 和 FSH 释放和合成的功能恰恰相反，故又称为 LH－RH 对生殖系统的"异相作用"。第三，LH－RH 具有垂体外作用，即 LH－RH 或其高活性类似物可以在垂体外的一些组织中直接发挥作用，而不经过垂体的促性腺激素途径。

2. 催产素

催产素能刺激输卵管平滑肌收缩，对精子和卵子的运送十分重要。

（1）催产素能强烈刺激子宫平滑肌收缩，以排出胎儿，因而它是催产的主要激素。

（2）乳腺泡的肌上皮细胞收缩，使乳汁从腺泡中通过腺管进入乳池，发生放乳。

（3）乳腺大导管的平滑肌松弛，在乳汁蓄积时能够扩张。

（4）溶解黄体的作用。

催产素的应用，诱发同期分娩。临产母牛先注射地塞米松，48小时后按每千克体重静脉滴注5~7微克的催产素类似物，可在4小时左右分娩。

3. 促卵泡素（FSH）

促卵泡素又名叫卵泡刺激素，它是由垂体前叶的嗜碱性细胞所分泌。促卵泡素是一种糖蛋白。主要功能如下。

（1）对雌性个体可促进卵泡的生长、发育。

（2）促卵泡素能提高卵泡壁细胞的摄氧量，增加蛋白质的合成。

（3）仅仅促卵泡素不能促使卵泡分泌雌激素，也不能引起排卵。

（4）对雄性个体促卵泡索可促进精细管的增长而使睾丸增大，但不能使睾丸间质细胞分泌雄激素。

在生产上，促卵泡素用于母牛不发情、安静发情、卵巢发育不全、卵巢萎缩、卵巢硬化等症。由于FSH的半衰期短，故使用时必须多次注射才能达到预期的效果，一般每日2次，连用3~4天。

4. 促黄体素（LH）

促黄体素又名叫促黄体生成素，它是由垂体前叶的另一种嗜碱性细胞所分泌。主要功能如下。

（1）对雌性个体促黄体素可促进卵巢血流加速。

（2）对雌性个体，在促卵泡素作用的基础上可引起卵泡成熟排卵和促进黄体的形成。

（3）在牛、猪方面已证实，促黄体素可刺激黄体释放孕酮。

（4）对雄性个体，促黄体素可促进睾丸间质细胞合成和分泌睾酮，这对副性腺的发育和精子最后的成熟起决定性的作用。

在生产中，LH 用于治疗卵泡囊肿、排卵延缓、黄体发育不全等症。FSH 与 LH 合用可治疗卵巢静止或卵泡中途萎缩。

5. 促乳素（PRL 或 LTH）

是一种蛋白质激素，它是由垂体前叶的嗜酸性细胞所分泌。主要功能如下。

（1）促进乳腺的机能。

（2）使黄体分泌孕酮。

6. 孕马血清促性腺激素（PMSG）

孕马血清促性腺激素是由怀孕母马子宫内膜的杯状结构所分泌。

主要功能为孕马血清促性腺激素具有双重活性，它既具有 FSH 的功能，又具有 LH 的功能，而前者的功能比后者大。

（1）用于母牛的催情。

（2）在胚胎移植中用于供体母牛的超数排卵。

（3）促进排卵和黄体形成。

（4）促进精细管发育、性细胞分化和精子生成。

7. 绒毛膜促性腺激素（HCG）

人绒毛膜促性腺激素是人类和灵长类动物胎盘分泌的一种糖蛋白激素。

HCG 在动物繁殖方面的应用临床上通常用来代替价格较昂贵的 LH。

（1）促进卵泡成熟和排卵。

（2）用于同期发情。

（3）治疗繁殖疾病。

8. 雌激素

卵巢、胎盘、肾上腺，甚至睾丸（尤其是公马）都可以产生雌激素。

主要功能为雌激素为促使母牛性器官正常发育和维持母牛的正常性机能的主要激素。

（1）在发情期能促使母牛表现发情和生殖管道的生理变化。雌激素能促使阴道上皮增生和角质化，以利于交配；促使子宫颈管道变松弛，并使其黏液变稀薄，有利于精子的通过；促使子宫内膜及肌层增长，刺激子宫肌层收缩，有利于精子运行，并为妊娠做好准备；促进输卵管的增长和刺激其肌层活动，有利于精子和卵子运行，促使母牛有发情表现。

（2）与促乳素协同，促进乳腺管状系统增长。

（3）促进长骨骺部骨化，抑制长骨增长。因而成熟的雌性个体体型较雄性小。

（4）可促使雄性个体睾丸萎缩，副性器官退化，最后造成不育，称为化学去势。

（5）促使母牛骨盆的耻骨联合变松，骨盆韧带松软以利于分娩。

（6）雌激素减少到一定量时，可以借正反馈作用，通过丘脑下部或垂体前叶，导致释放促卵泡素，促卵泡与促黄体素共同刺激卵泡发育，卵泡鞘内产生的激素增多。排卵前雌激素大为增多，则反过来作用于丘脑下部或垂体前叶，抑制促卵泡素的分泌，并在少量孕酮的协同下促进促黄体素的释放，从而导致排卵。

（7）刺激垂体前叶分泌促乳素。雌激素分泌量大时可解除促乳素抑制因子的分泌。

（8）怀孕期间，胎盘产生的雌激素作用于垂体，使其产生促黄体分泌素，对于刺激和维持黄体的机能很重要。当雌激素达到一定浓度，且于孕酮达到适当的比例时，可能使催产素对子宫肌层发生作用，并给开始分娩造成必需的条件。

9. 合成类雌激素物质

在畜牧生产和兽医临床上应用很广。近年来此类物质虽然在结构上与天然雌激素很不相同，但其生理活性却很强。它们具有成本低、可口服（可被肠道吸收、排泄快）等特点，同时还可以制成丸剂进行组织埋植。因此成为非常经济的天然的代用品。最常见的合成雌激素有二丙酸雌二醇、己烯雌酚、双烯雌酚、苯甲酸雌二醇，戊酸雌二醇、雌三醇等。上述合成物的生理效能，几乎和天然雌激素完全相同，因此多在临床上采用此类物质。

（1）用于促进产后胎衣的排出，或排除木乃伊化的胎儿。

（2）对安静发情的母牛，用小剂量的雌激素即可引起发情表现。

（3）用于具有刺激乳腺发育的机能，故也用于牛、羊的人工刺激泌乳。

（4）鉴于此类物质也能和天然激素一样，通过对丘脑下部的反馈作用而引起促黄体素释放激素的分泌，进而使垂体前叶释放促黄体素，故可促进排卵。

10. 孕激素

孕酮为最主要的孕激素，其主要来源为卵巢中黄体细胞所分泌。存多数家牛中，妊娠后期的胎盘为孕酮更重要的来源。主要功能如下。

（1）促进子宫黏膜层加厚，腺体弯曲度增加，分泌功能增强，有利于胚泡的附植。

（2）抑制子宫的自发性活动，降低子宫肌层的兴奋作用，可促使胎盘发育，维持正常妊娠。

（3）大量孕酮对雌激素有抗衡作用，可抑制发情活动，少量孕酮与雌激素有协同作用，可促进发情表现。

（4）促使子宫颈口收缩，子宫颈黏液变黏稠，以防异物侵入，有利于保胎。

（5）在雌激素刺激乳腺管发育的基础上，孕酮刺激乳腺泡系统，与雌激素共同促进和维持乳腺的发育。

近些年，已有若干种具有口服效能的合成孕激素物质，其效率远远大于孕酮。例如，甲孕酮（简称为 MAP）、甲地孕酮（简称为 MA）、氯地孕酮（简称为 CAP）、氟孕酮（简称为 FCA）、炔诺酮、16 甲基甲地孕酮（简称 MGA）、18 - 甲基炔诺酮等。这些药物不但可以口服，而且可用于注射或阴道栓。

临床上孕酮多用于防止功能性流产，尤其对因内源性孕激素不足而引起的习惯性流产更有效，也用于治疗卵巢囊肿。

孕酮一般口服无效，故常制成油剂用于肌内注射，也可制成丸剂做皮下埋植、或制成乳剂用于阴道栓。肌内注射孕酮，牛为 100 ~ 150 毫克；皮下埋植孕酮，牛为 1 ~ 2 克。

11. 前列腺素（PG）

前列腺素为一组具有生物活性的类脂物质，虽不是典型的激素，但对牛的生殖过程有重要作用。PG 广泛存在于哺乳动物的组织和体液中，含量极微而效应很强。主要功能如下。

（1）溶解黄体，过去曾认为当母牛未妊娠时，由子宫产生一种"溶黄体素"的物质，可促使黄体退化。目前认为这种物质就是前列腺素。

（2）促进排卵。

（3）影响输卵管的收缩。

（4）刺激子宫平滑肌收缩。

（5）影响其他生殖激素的分泌与释放。

前列腺素的应用在生产实践中，可用于调节母牛的发情周期，缩短正常黄体存在的时间，用于诱发排卵、同期发情、人工流产或引产，治疗持久黄体、黄体囊肿、子宫积脓等。

第三节 奶牛的性周期与发情鉴定方法

一、母牛的性周期

(一) 发情的概念及特征

发情是指母牛生长发育到性成熟阶段时所表现的周期性性活动现象。即在生殖激素的调节下，其卵巢上有卵泡发育、成熟和排卵的变化，这是发情的内在本质特征；其次，母牛在性欲和外生殖器官方面的变化是发情的外部特征。具体表现在好动、排尿频繁、经常鸣叫，愿意接近公牛，嗅闻公牛后表现静立不动，后肢叉开，尾巴举起，呈现接受交配的姿势。有的出现拱槽、刨地、互相爬跨和逃圈等征状。母牛的采食量、饮水量减少，泌乳量降低。外阴部红肿，阴门湿润并常常外翻，阴蒂闪动。生殖道内有黏性分泌物排出，发情初期量多、稀薄、透明，发情后期逐渐变为浓稠，分泌量逐渐减少。

(二) 母牛性机能的发育阶段

母牛的一生中，性机能的发育是一个由发生、发展直至衰退停止的过程。母牛出生后，其性机能的发育过程一般分为初情期、性成熟期、配种适龄和繁殖机能停止期。不同牛种、品种、个体及不同的饲养管理条件等因素的差异，其性机能的发育阶段均有差异。

(1) 初情期。初情期是指母牛初次出现发情或排卵的年龄。初情期的母牛发情有时外部表现较明显，但卵泡并不一定能发育成熟至排卵；有时卵泡虽然能发育成熟，但外部表现不明显，只要有上述两种情况出现其一，就标志母牛已进入初情期。

初情期与母牛体重有很大关系，奶牛达到初情期时的体重是其成年体重的30%~40%，牛的生长速度会影响达到初情期的年龄，良好的饲养管理能促进生长，提早初情期的到来；饲养管理较差则生长缓慢，推迟初情期的到来。此时由于生殖器官尚未发育成熟，性机能表现不完全，故发情表现往往不规律，多为安静发情。

（2）性成熟与初配适龄。生殖器官发育完全，发情排卵已趋正常，具备了正常繁殖后代的能力，此时称为性成熟。性成熟后，母牛具有正常的周期性发情和协调的生殖内分泌调节能力。但此时身体的正常发育还未完成，故一般不宜配种。一般情况下，母牛初情期为8~12月龄，性成熟期为10~14月龄，适配年龄1.5~2岁。

性成熟后再经一段时间的发育，当机体各器官、组织发育基本完成，并且具有本品种固有的外貌特征，一般体重达到成年体重的70%左右，此时可以参加繁殖配种，这时期称为初配适龄，此时妊娠不会影响母体和胎儿的生长发育。初配适龄对于生产有一定的指导意义，但具体时间还应根据个体生长发育情况时行综合判定。母牛在适配年龄后配种受胎，但身体仍未完全发育成熟，只有在产下2~3胎以后，经过发育，才能达到成年体重，称为体成熟。

（3）繁殖机能停止期。母牛经多年的繁殖活动，终由器官老化，丧失繁殖能力。在家畜繁殖机能停止之前，只要生产上效益明显下降时即行淘汰。如奶牛繁殖机能停止的年龄可达15岁以上，但在11岁左右其泌乳量明显下降，应及时淘汰。

（三）发情周期与发情持续期

（1）发情周期。发情周期的计算，一般是指是从第1次发情（排卵）开始至下一次发情（排卵）所间隔的时间，并把发情当天计作发情周期的第 1 天。母牛的发情周期一般平均为 21 天（18~24 天）。

（2）发情持续期。发情持续期是指母牛从发情开始到发情结束所持续的时间，相当于发情周期中的发情期。牛的发情持续期为 1~1.5 天，由于季节、饲养管理状况、年龄及个体条件的不同，牛发情持续期的长短也有所不同。

（四）卵泡发育与排卵

（1）卵泡发育阶段及其形态特点。母牛卵巢皮质层中的卵泡是由内部的卵母细胞和其周围的卵泡细胞组成。母牛出生后，卵巢皮质层中就已存在着大量的原始卵泡。随着母牛年龄的增长，在卵泡生长发育过程中，除了少数的卵泡能生长发育、成熟及排卵外，大量的卵泡在发育过程中的不同阶段发生闭锁、退化而消失。在母牛的每个发情周期内，可发育的卵泡多达几个，但熟排卵的卵泡一般只有 1 个。在母牛的一生中约有 200 个卵泡可发育成熟排卵。

（2）排卵。成熟卵泡破裂、释放卵子的过程，称为排卵。卵泡发育与排卵的变化是母牛发情周期中卵巢上最本质的变化，是鉴定母牛发情周期阶段的主要依据。

（3）排卵时间。家畜的排卵时间与其种类、品种及个体有关。就某一个体而言，其排卵时间根据营养状况、环境等亦有所变化。通常情况下，夜间排卵较白天多，右侧排卵较左侧多。牛的排卵时间大致为发情停止后 8~12 小时。

二、母牛发情鉴定

发情鉴定是对母牛发情的阶段及排卵时同做出判断的过程。发情鉴定技术是奶牛繁殖工作中的重要技术环节。通过发情鉴定，可以发现母牛的发情生殖活力是否正常，以便及时解决；通过发情鉴定，可以判断母牛是否发情，发情周期所处的阶段及排卵时间，从而能够确定对母牛适宜的配种或输精时间，提高母牛的受胎率。

（一）外部观察法

主要在运动场或在牛舍内察看，至少早晚各1次。主要观察母牛的外部表现（主要是爬跨）、阴部的肿胀程度及黏液的状态来判断发情情况。母牛发情时往往兴奋不安，食欲和奶量减少，尾根举起，追逐、爬跨其他母牛并接受其他牛爬跨，发情牛爬跨其他牛时，阴门搐动并滴尿，具有公牛交配动作。外阴部红肿，阴门有黏液流出。

（二）试情法

试情法是根据母牛爬跨的情况来发现发情牛，这是最常用的方法。此法尤其适用于群牧的繁殖母牛群，可以节省人力，提高发情鉴定效果试情法有2种：一种是将结扎输精管的公牛放入母牛群中，日间放在牛群中试情，夜间公母分开，根据公牛追逐爬跨情况以及母牛接受爬跨的程度来判断母牛的发情情况；另一种是将试情公牛接近母牛，如母牛喜靠公牛，并作弯腰弓背姿势，表示该母牛可能发情。

（三）阴道检查法

用开张器对发情母牛进行检查，主要检查阴道黏膜的颜色、润滑度，子宫颈口的颜色开张程度和黏液的数量、颜色、黏度等，来判断母牛的发情程度。开张器检查发情牛时可看到母牛的子宫颈口充血开张松弛有大量透明黏液流出，阴道壁潮红。黏液最初稀薄，随着发情时间的推移，逐渐变稠，量也由少变多。到发情后期，量逐渐减少且黏性差，颜色不透明，有时含淡黄色细胞碎屑或微量血液。不发情的母牛阴道苍白、干燥，子宫颈口紧闭，无黏液流出。

（四）直肠检查法

进行直肠检查法时，检查者须将手指并拢成锥形，以缓慢的旋转动作伸入肛门，掏出粪便。再将手伸入肛门，手掌展平，掌心向下，按压抚摸，在骨盆腔底部，可摸到一个长圆形质地较硬的棒状物，即为子宫颈。沿子宫颈再向前摸，在正前方可摸到一个浅沟，即为角间沟。沟的两旁为向前向下弯曲的两侧子宫角。沿着子宫角大弯向下稍向外侧，可摸到卵巢。

用手指检查子宫角的形状、大小、反应以及卵巢上卵泡的发育情况，来判断母牛的发情。发情母牛子宫颈稍大、较软，由于子宫黏膜水肿，子宫角体积也增大，子宫收缩反应比较明显，子宫角坚实。在子宫角的两侧，可摸到两个卵巢，卵巢上发育的卵泡突出卵巢表面，光滑，触摸时略有波动，发育最大时的直径为 1.8～2.5 厘米，排卵前有一触即破感。

不发情的母牛，子宫颈细而硬，子宫较松弛，触摸不那么明显，收缩反应差。成年母牛的卵巢较育成牛大（因为经过多次发情，不少退化的黄体仍然存在），卵巢的表面有小突起，质地坚硬。一般发情正常的母牛采用外部观察就可准确的鉴定发情，没必要采用直肠检查，特别是不熟练的技术人员，直肠检查很容易触破卵泡，影响牛受胎。

（五）尾根标记法

（1）要求。对符合配种条件的母牛（包括待配牛和配过的牛），每天进行尾根上部喷漆或专用蜡笔涂抹（图 5-2、图 5-3）30～40 厘米，每天 1～2 次，以早晨为佳，第一次涂时，3～4 个来回，之后只需要 1～2 个来回，补充颜料，使其保持新鲜。喷涂颜料时，站在牛的后面，最好侧对牛只，保持一定距离，谨防被踢，喷涂的同时，观察昨天所涂颜料的颜色变化。尽可能记录发情牛的第一次稳爬时间，同时也要知道发情结束时间以及发情持续时间等，这有利于输精时间的准确推算和适时配种。

图5－2 尾根标记工作图示　　图5－3 标记操作

（2）记录。对于鉴定为发情的牛只，做好记录和标记。在尻部两侧标记当天的日期。这样做便于配种时找牛，便于第二天识别已经配过的牛只个体（有的牛会在第二天表现发情，或是发情晚期，或是发情盛期）。

（3）注意事项。一些奶牛，尤其是青年牛，喜欢舔舐其他牛只尾部颜料。因此，要认真观察和区别爬跨过和未爬跨过牛只尾部染料，将爬跨牛只和舔舐颜料牛只区别开。发情牛只被其他奶牛爬跨后，毛发被重压，向下，压实。而舔舐后，毛发侧立，倒向一侧。

（六）电子监测法

（1）原理。奶牛发情时，会变得烦躁不安，到处乱跑，活动量上升。利用电子接收设备收集到的活动量数据，并用专业软件自动将这些牛从牛群中筛选出来，列在发情牛列表中。

（2）监测过程。将电子电子监测装置（计步器或电子项圈）安放到奶牛身上，监测奶牛行为，采集奶牛的行为活动量。将感应接收装置安装于挤奶厅入口处或奶牛必经之路。当奶牛经过时，触发接收装置，激活奶牛行为监测仪，监测仪将奶牛身份识别信息和奶牛行为活动量数据传送至电子接收装置，电子接收装置将接收到的数据传输至计算机；计算机管理信息系统软件通过对各个奶牛行为活动量的检测，实现辅助检测奶牛发情，协助技术人员掌握牛只的发情状况、并决定其配种时间，有助于及时了解奶牛繁殖情况，有效提高奶牛繁殖生产水平。图 5－4 是一个发情牛最近 10 天的活动量曲线图，活动量曲线大幅上升的同时，产奶效率也略有下降，这是发情牛最典型的表现。

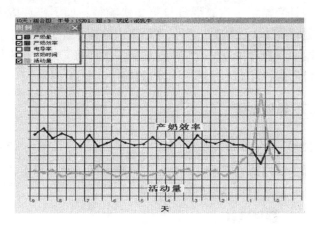

图 5－4　发情牛的活动量曲线图

（3）注意事项。奶牛活动量上升也有可能是由于其他因素导致的，例如调群、修蹄等。确定是否发情，通过查看这次活动量高峰与上次发情的间隔天数，如果间隔在 18～24 天，就可以确定牛只发情情况。

第四节　奶牛的人工输精操作技术

输精是人工授精的最后一个技术环节，也是最重要的繁殖技术，适时而准确地将精液输送到发情母牛生殖道内适当的部位，是保证受胎的关键。输精前应做好各方面的准备，确保输精的正常实施。

一、母牛的输精时间

经产母牛发情持续期平均为 18 小时，输精应尽早进行。牛的输精可安排两次，发现发情后 12～20 小时进行第 1 次输精，间隔 8～12 小时进行第 2 次输精。生产上一般采取早晨发情，当日晚输精 1 次，翌日早第 2 次输精；如下午或晚上发情，翌日早第 1 次输精，翌日晚第 2 次输精。为节省精液，提高受胎率，在母牛发情近结束时输精一次即可。或通过直肠检查触摸卵泡，在卵泡成熟时一次输精。

二、输精准备

（一）母牛准备

母牛经发情鉴定后，确认已到输精时间，牵入保定栏内保定，外阴清洗消毒，尾巴拉向一侧。

（二）器械准备

输精器具在使用前必须彻底清洗、消毒干燥。玻璃或金属输精器可用蒸汽、75% 酒精或放入高温干燥箱内 120℃，60 分钟消毒。开腟器以及其他金属用具洗净后浸泡在消毒液中。或者在使用前用酒精、火焰消毒。

（三）精液准备

输精前要准备好精液，镜检观察精子活力。冷冻精液被解冻后活率不低于 35%。冷冻精液的解冻温度、解冻方法都直接影响精子解冻后的活率，也是输精前必须的准备工作。方法为温水解冻 37～40℃，预先将保温杯中盛满水，将水温调至 37～40℃，打开液氮罐，确定所需精液细管的位置，用长镊子迅速取出该精液细管，在空气中摇晃两下，然后迅速将细管投入调好温度的水杯中，10～15秒，从水中将细管取出，用无菌脱脂棉将细管表面水吸干，用细管剪剪掉封口端（长度0.3～0.5厘米），剪断面要整齐，以防断面偏斜而导致精液逆流。

（四）装枪

将预先干燥消毒好的输精枪内芯拔出到与精液细管长度相当的位置，再将精液细管有棉塞的一端装入枪内，安装硬外套并锁紧，向前推枪芯，至有精液欲流出枪口为止，然后套上软外膜。

（五）人员准备

输精员应穿好工作服，指甲剪短磨光，手臂带上长臂塑料手套，同时准备好清洗外阴的消毒液和纸巾。

三、输精操作技术

母牛的输精方法目前主要是直肠把握子宫颈输精法。操作方法：用消毒液清洗外阴，并用纸巾擦干，一只手伸入直肠，握住子宫颈后端，压开阴裂，右手持输精枪，先斜上方伸入阴道内5～10厘米，避开尿道口，再水平插入至子宫颈口附近，两手协同配合，把输精枪伸入到子宫颈的内口，慢慢注入精液。输精过程中，输精枪不要握得太紧，要随着母牛的摆动而灵活伸入。保持与子宫颈的水平状态，输精器稍用力前伸，每过一个皱褶都会有感觉，应避免盲目用力插入，防止生殖道黏膜损伤或穿孔。此法的优点是：精液输入部位深，不易倒流，受胎率高；对母牛刺激小；能防止给孕牛误配而造成人为流产；操作简单、安全可靠。

四、性控精液的人工授精技术

（一）奶牛性控冷冻精液特点

（1）解冻后精子活力要比常规冷冻精液高，其主要原因是奶牛性控精液在分离的过程中，除了保留 X 精子、筛除 Y 精子外，还将原精液中的死精子和部分畸形精子筛除掉。

（2）总精子数为 200 万个以上/剂，有效精子数 80 万个以上/剂。

（3）奶牛性控冷冻精液的存活时间相对于常规冷冻精液要短。因此在使用奶牛性控冷冻精液进行人工授精时，对于技术的要求更高。

（二）应用性控冷冻精液人工输精的注意事项

应用性控冷冻精液进行输精时，除以下几点外，其他与常规精液输精方法完全一致。

（1）输精部位。常规精液输精部位在子宫颈内口即可，由于性控冷冻精液精子数量少，输精部位可选择发情时有排卵卵泡卵巢侧的子宫角内输精，以确保有足够数量的精子达到输卵管壶腹部，有利于卵子受精，提高受胎率。要求人工授精员在输精前或发情鉴定时，直接确定那侧卵巢有卵泡发育，在子宫角深部输精要防止损伤子宫和无菌操作。

（2）输精时间。X 性控冷冻精液解冻后存活时间相对常规冷冻精液时间短，所以应用 X 性控冷冻精液输精时，要严格掌握输精时间，对人工授精员水平要求高，要能够通过直肠触诊确定卵泡发育和排卵情况判断输精最佳时间。一般情况下，比常规精液输精时间晚 2～3 小时，在发情结束后 6～10 小时输精，输精时现场解冻输精，减少精液解冻后体外停留时间。

（3）输精母牛的选择。最好选择 15～20 月龄、体重达到 350 千克的育成母牛，因育成牛生殖机能旺盛，未产过犊，子宫环境好，没有子宫和卵巢疾患，排卵也较规律，有利于受胎。如选择经产母牛，则必须是体况良好、繁殖机能正常、生殖道健康的母牛，但情期受胎率可能会低一些。

（4）一般情况下，母牛发情时可人工授精 1 次，使用一剂性控精液，2 次输精和使用 2 支性控精液可能会提高情期受胎率，但精液成本也较高。

第六章　母牛的妊娠与分娩

第一节　妊娠的维持和妊娠母牛的变化

一、妊娠的维持

妊娠的维持，需要母体和胎盘产生的有关激素的协调和平衡，否则将导致妊娠中断。通常，受精后母牛卵巢上的黄体转化为妊娠黄体而持续存在，分泌孕酮，维持妊娠。在配种后的13～17天，牛体内产生一种抗溶解黄体的物质，以维持黄体的存在，这也是母体识别妊娠的信号。妊娠后一种能够阻止前列腺素 $PGF_{2\alpha}$ 进入卵巢静脉而将其分泌到子宫的机制，使卵巢上的卵泡生长发育和发情的症状受到抑制。黄体和孕酮的分泌是在整个妊娠期间维持母牛妊娠不可缺少的，因为摘除卵巢或除去黄体就会引起流产。因而，配种后60天以内妊娠诊断时，应轻轻触摸卵巢，以免意外移动黄体。

二、妊娠母牛的主要生理变化

（一）生殖器官的变化

（1）卵巢。母牛配种受精后有胚胎发育时，卵巢上的黄体转化为妊娠黄体持续存在，分泌孕酮，维持妊娠。发情周期中断。妊娠早期，卵巢上偶尔有卵泡发育，导致孕后发情，但多不能排卵而退化，闭锁。

（2）子宫。妊娠期间，随着胎儿的发育子宫容积增大。

通过增生、生长和扩展的方式以适应生长的需要。同时子宫肌保持着相对静止和平稳的状态，以防止胎儿过早排出。

（3）子宫颈。内膜管腺数增加并分泌黏稠黏液封闭子宫颈管，称为子宫栓。牛的子宫颈分泌物较多，妊娠期间有子宫栓更新现象，子宫栓在分娩前液化排出。

（4）阴道和阴门。妊娠初期，阴门收缩紧闭，阴道干涩；妊娠后期，阴道黏膜苍白，阴唇收缩；妊娠后期，阴唇、阴门水肿，柔软有利于胎儿产出。

（二）母体的全身变化

妊娠后，随着胎儿的生长，母体新陈代谢加强，食欲增加，消化能力提高，营养状况改善，体重增加，被毛光润。妊娠后期，胎儿迅速生长发育，母体常不能消化足够的营养物质满足胎儿的需求，需消耗前期储存的营养物质，供给胎儿。胎儿生长发育最快的阶段，也是钙、磷等矿物质需要量最多的阶段，往往会造成母牛体内钙、磷含量降低。若不能从饲料中得到补充，则易造成母牛缺钙，出现后肢跛行、牙齿磨损快、产后瘫痪等表现。

在胎儿不断发育的过程中，由于子宫体积的增大、内脏受子宫的挤压，引起循环、呼吸、消化、排泄等器官适应性的变化。

第二节　妊娠诊断

一、妊娠诊断的意义

（一）有效防控失配漏配

在奶牛的繁殖管理中，妊娠诊断尤其是早期妊娠诊断，是保胎、减少空怀、增加产奶量和提高繁殖率的重要措施之一。

对于一个繁殖奶牛群，不能进行准确的早期妊娠诊断，就会使某些配后未妊娠的母牛失配，已妊母牛因管理不善或再次配种引起流产问题。因为错过13.5个发情周期，就等于少产一胎，损失1个泌乳期的产奶量。

（二）便于分群管理

通过早期妊娠检查，可以尽早确定已妊娠和未妊娠的母牛，便于分群管理。

（三）有利于掌握母牛繁殖生理状态

通过妊娠诊断，便于对参加配种的母牛和配公牛生殖机能做出具体分析。早期妊娠诊断的结果有助于对母牛整体生理状态和发情表现进行回忆和判断，找出不孕的可能原因；也可以根据与同一公牛配种母牛的受胎情况，分析公牛的受精能力，为公、母牛生殖疾病的发现和治疗，乃至淘汰提供依据。

（四）针对性的提高妊娠率

妊娠诊断便于了解和掌握配种技术、方法以及输精时间等方面的问题，提高受胎率。

二、妊娠诊断的方法

妊娠诊断方法虽然很多，但目前应用最普遍的还是外部观察法和直肠检查法。利用B超声波诊断仪进行奶牛的妊娠诊断，也是未来发展趋势。

（一）外部观察法

主要根据母牛妊娠后的行为变化和外部表现来判断是否妊娠的方法。妊娠母牛最明显的表现是周期发情停止。随着时间延长，母牛食欲增强，被毛出现光泽，性情变得温顺，行动缓慢。妊娠5个月左右，腹部出现不对称，右侧腹壁突出。8个月以后，右侧腹壁可听到胎动。外部观察，在妊娠的中后期才能发现明显的变化。在输精后一定时间，如 60 天、90 天或120 天统计是否发情，估算不返情率（不再发情牛数占配种牛数的百分比）来估算牛群的受胎情况。60～90 天不返情率一般约为 70%。管理好的牛群可达 80%，而受胎率低的牛群，约为 50% 或更少。这种估算有一定的实用性，但计算不十分准确。由于输精后个别未孕或胚胎死亡的母牛也不发情，导致不返情率高于实际受胎率。

（二）直肠检查法

直肠检查法是判断是否妊娠和妊娠时间的最常用而可靠的方法之一。它是通过直肠壁直接触摸卵巢、子宫和胎泡的形态、大小及其变化，因此可以随时了解妊娠进展和动态，以便及时采取有效措施。

（三）阴道检查法

母牛怀孕后，阴道的某些规律性生理变化，虽然不能作为妊娠诊断的主要依据，但是，这些变化往往可以作为判断妊娠的参考。

在进行阴道检查时，除做好消毒工作以外，还应注意以下几点。

（1）注意个体间的某些差异，某些未孕但有持久黄体存在的母牛，同样会有与妊娠相似的阴道变化；而已孕但阴道或子宫颈的某些病理性变化会干扰对妊娠的判断。

（2）注意因阴道检查造成的感染和流产。

（3）阴道检查不能确定妊娠日期，也难以对早期妊娠做出准确的判断，不能作为主要的诊断方法。

（四）免疫学诊断法

母牛怀孕后，胚胎、胎盘及母体组织产生某些化学物质（激素或酶类等），其含量在妊娠的过程中具有规律性的变化；

同时，其中某些物质可能具有很好的抗原性，能刺激动物产生免疫反应。如果用这些具有抗原性的物质去免疫动物，会在体内产生很强的抗体，制成血清后，只能和其诱导的抗原相同或相近的物质进行特异结合。抗原抗体的这种结合可以通过以下方法检测出来。

（1）利用荧光染料和同位素标记，然后在显微镜下观察。

（2）利用抗原抗体结合产生的某些物理性状，如凝集反应、沉淀反应等，来判断妊娠与否。目前，比较成熟的技术是通过检测牛血液中 PAGs（Pregnancy Associated Glycoprotein，妊娠相关蛋白），以牛血清或血浆中存在的 PAG 作为判断怀孕的标志。PAG 从牛怀孕后第 28 天开始，一直到整个妊娠周期都在血液中以不同浓度存在，可以作为牛怀孕的准确标志。这种检测方法基于实验室条件进行，不受人员因素的干扰。在配种高峰期间孕检数量多、或孕检人员不足、或者孕检技术不娴熟等情况下，可确保检测结果的准确性。

（五）超声波诊断法

是利用超声波的物理特性，应用兽用 B 超仪，以 B 超探头，接触奶牛直肠壁对整个子宫、卵巢区域进行各个切面的观察，子宫不同组织结构出现不同的反射，进行妊娠诊断。最早在配种后 28 天即可进行，32 天时妊娠监测的准确率可达100%。目前，主要应用兽用 B 超仪对奶牛妊娠（最早可在配种后 28 天）进行早期诊断，同时检查胎儿发育状况及判断孕龄，实现对未孕母牛及时补配，减少空怀，缩短产犊间隙，提高奶牛繁殖率，减少无效饲养，提高经济效益。但是，其检测结果的准确性受到操作人员对 B 超技术掌握的熟练程度、配种后 B 超检测的时间以及 B 超仪本身的等因素的影响。

（六）其他方法

指在某些特定条件下进行的简单妊娠诊断方法。如子宫颈—阴道黏液物理性状鉴定、尿中雌激素检查、外源激素特定反应等方法。这些方法难易程度不同，准确率偏低，难以推广应用。

上述诊断办法中，以临床观察法最为简单易行，对奶牛来说以直肠检查法更为可靠。目前一些实验室诊断法的准确性比较高，但要求的条件和技术水平也比较高。B超声波诊断法已经进入了实用阶段，可望未来可以得到大面积推广应用。此外，还需要进一步研究和探索更为简便易行而又能够普遍应用的早期妊娠诊断方法。

第三节　分娩和助产

一、分娩过程

母牛分娩是借助子宫和腹肌的收缩，将胎儿及胎膜（胎衣）排出体外的过程。大体可分为开口期、胎儿产出期和胎衣排出期三阶段。平均持续时间为9小时，这个阶段必须加强对母牛的护理。

（一）开口期

是指子宫开始阵缩开始，到子宫颈完全开张为止。此期母牛表现不安，喜欢在安静的地方，子宫颈逐渐开张，并与阴道之间的界限消失，开始阵缩时比较微弱，持续时间短，间隔时间长，随着分娩过程的进展，阵缩加强，间歇时间由长变短，腹部有轻微努责，使胎膜和胎水持续后移，并进入子宫颈管，有时部分进入产道，母牛开口期平均为2～6小时或1～12小时。

（二）胎儿产出期

是指从子宫颈口完全开张到胎儿排出为止。母牛兴奋不安加剧，时起时卧，弓背努责，子宫颈口完全开放。由于胎儿进入产道的刺激，使子宫、腹壁与横膈膜发生强烈收缩，收缩时间长，间歇时间更短，经过多次努责，胎囊由阴门露出，羊膜破裂后，胎儿前肢或嘴唇开始露出，再经过强烈努责，将胎儿排出。此期为 0.5 ~ 4 小时，经产牛比初产牛持续时间长。双胎要在第 1 个胎儿排出后 20 ~ 120 分钟排出第 2 个胎儿。

（三）胎衣排出期

指胎儿排出后到胎衣完全排出为止。胎儿排出后，子宫还在继续收缩，同时伴有轻微的努责，将胎衣排出。牛的胎盘连接比较紧密，在子宫收缩时，胎盘不易脱离，因此胎衣排出的时间较长，一般是 5 ~ 8 小时，最长不应超过 12 小时，否则就视为胎衣不下。

二、助产

（一）母牛产前的准备工作

根据配种记录和产前预兆，一般在预产期前 1 ~ 2 周将母牛转入产房。产房要预先消毒，并准备必需的药品和用具。

（二）母牛分娩的预兆

母牛临产前 4 周体温逐渐升高，在分娩前 7 ~ 8 天体温高达 39 ~ 39.5℃，但到分娩前 12 ~ 15 小时，体温下降 0.4 ~ 1.2℃。母牛产前 0.5 ~ 1 个月乳房迅速发育，并呈现浮肿。产前 1 ~ 2 周开始，荐骨韧带软化，产前 24 ~ 48 小时，荐骨韧带松弛，尾根两侧凹陷，特别是经产母牛下陷更甚。在分娩前 1 周，母牛阴唇开始逐渐松弛、肿胀（为平时的 2 ~ 6 倍）、皱纹逐渐展平。阴道黏膜潮红，黏液有深稠变为稀薄，子宫颈肿胀、松软，子宫栓融化变成透明的黏液，由阴道流出，此现象多见于分娩前的 1 ~ 2 天。母牛外观表现活动困难，站立不安，高抬尾部，回顾腹部，常做排尿姿势，食欲减少或停止。此时应有专人看护，做好接产和助产的准备。

（三）正常分娩的助产

原则上，对正常分娩的母牛无须助产，可待其自然分娩。助产人员的主要职责是监视母牛分娩情况，发现问题给予母牛必要的救助和对犊牛及时护理。

（四）难产与救助

当遇到母牛难产时，应立即实施助产，并遵循一定的助产原则。出现难产时，不仅要掌握是正生还是倒生，更重要的事还要了解胎势、胎位、胎向和进入产道的程度，并正确判断胎儿的死活，以便确定助产原则和助产方式、方法。

（五）产后母牛护理

母牛分娩结束后，要及时供应充足的温水，等胎衣排出后，接产工作才算完全结束。但要继续观察数小时，观察母牛是否继续努责，如发现继续努责，要及时采取相应措施，预防子宫脱。产后 10 天内的母牛，应给予品质良好、容易消化的饲料；经常清洗尾根和外阴周围的污物；产房垫草要经常更换。母牛正常分娩情况下，分娩后 12 小时左右胎衣就能排出。如果出现胎衣不下，应立即采取相应措施。

（六）母牛产后复原

母牛产后胎衣排出后，生殖器官恢复到正常生理状态，而最重要的是子宫内膜的再生、子宫复原和发情周期的恢复。

第四节　奶牛剖宫产技术

一、奶牛剖宫产手术技术历史

1830 年左右，牛羊成功地实施了剖宫产手术，由于那时不使用麻醉剂和抗生素，成功率并不高。第二次世界大战前，对奶牛实施剖宫产手术仍不多见。20 世纪 50 年代前后，奶牛剖宫产手术在发达国家兽医临床普遍应用。剖宫产技术在我国应用的并不普通，主要原因是手术成功率低和术后并发症多。

二、剖宫产手术技术的关键

剖宫产手术并不复杂，初学者在有经验者指导下只要实践一次就可基本掌握。手术成功的关键只有两条。

（1）必须及早实施。

（2）术前、术中和术后自始至终必须注意无菌操作和严密消毒。

三、实施剖宫产的原因

不论如何努力、不论采取任何预防措施，正常的经产牛群和育成牛群总有 1%～5% 的胎犊不能活着通过产道排出，而必须借助剖宫产方可安全出生。另外，还有些其他情况也需要应用剖宫产。以下列出适用剖宫产的指证。

（1）无法纠正的子宫扭转。

（2）无法纠正的胎位胎势严重反常。

（3）胎犊相对过大或骨盆腔相对狭窄。

（4）子宫颈不能完全开张。

（5）严重的畸变胎犊包括胎犊脑积水。

（6）已死亡腐败高度肿胀并无法从产道拉出的胎犊。

（7）子宫破裂。子宫扭转、子宫颈开张不全、双胎、胎水过多、被有角牛严重顶击腹部、倒生堵塞产道胎水无法排出、胎势胎位反常不断纠正等，在这些情况下，或因阵缩努责过强和过频，或因胎犊趾蹄强力蹬踢，或因子宫内腔变小而压力过大，均有可能造成子宫撕伤或破裂。

（8）尿水过多或羊水过多（羊水过多非常罕见）。

（9）6~8月龄干尸化胎犊无法自产道排出。

（10）阴道和子宫颈陈旧性大面积疤痕阻止胎犊顺利排出。

（11）妊娠后期濒死母牛，胎犊有可能借剖宫产而存活者。

四、实施剖宫产的时机

就接助产而言，以下两条决定何时实施剖宫产。

（1）如两至三人合力拽拉胎犊无任何进展；或使用助产器强拽数分钟亦无任何进展。

（2）正生上位时胎头和双前肘或倒生双跗关节难以进入骨盆腔。

就我国接助产实践来说，相当多的奶牛场兽繁技术人员尚未掌握剖宫产手术技术，即使掌握了剖宫产手术技术者，亦往往将剖宫产手术技术视为解决难产的最后手段来应用，这自然降低了剖宫产手术技术在解决难产问题方面其固有的价值。许多奶牛场领导常说，剖宫产手术成功率不高，常致母牛胎犊双亡。其实，正是由于将剖宫产手术技术视为解决难产的最后手段来应用，人们常常耗费大量宝贵时间对难产母牛尝试各种无效办法，实在无计可施才被迫采用剖宫产手术技术。此时母牛已几近衰竭，犊牛早已死亡，自然手术效果极差。了解此点非常重要，剖宫产手术技术一定要适时即刻及早实施，不可拖宕过久。

五、消毒和灭菌

保证手术成功除了应适时即刻及早实施外，还有一条就是严格消毒。

（1）所有手术器械包括手术刀片、手术刀柄、持针钳、缝合针、腹膜剪及止血钳均需高压消毒或煮沸消毒，然后留置于 0.1% 新洁尔灭溶液至少 30 分钟以上，应使用不锈钢容器或优质塑料容器，避免使用铝制容器。

（2）将髋结节区、左腰区、肷窝区、左腹部区、第 11~13 肋骨区以及拟切口区域剃毛，用肥皂水彻底清洗干净，再用 2% 碘酒全面涂搽一遍。

（3）在做局麻前（无需脱碘）和持刀切开腹部皮肤前（需用 75% 酒精脱碘，因手臂要进入腹腔），均应按外科手术要求，剪短和磨光指甲，彻底清洗双手和手臂，并严密消毒。同时，在整个手术过程中，如手臂被污染，应用生理盐水将手臂冲洗干净，再用 75% 酒精消毒。

（4）在切开皮肤前，对皮下浸润区域和拟作切口处用 75% 酒精脱碘。

（5）在闭合子宫内腔和腹腔前，应向子宫内腔和腹腔各放置粉状大剂量抗生素如长效西林 1 000 万单位。

（6）闭合腹膜腔后，应在缝合肌肉层前再于腹膜腔和肌肉层之间放置长效西林 500 万单位。肌肉层缝合完毕后，在闭合皮肤切口之前，应在肌肉层和皮肤之间亦放置长效西林 500 万单位。

（7）缝合皮肤后，应对术部认真涂抹 2% 碘酒。

六、缝合线的使用

可使用 3 号可吸收缝合肠线和 3 号不可吸收缝合尼龙线。

可吸收缝合肠线用于子宫切口、腹膜和肌肉层缝合；不可吸收缝合尼龙线仅用皮肤层缝合。

七、麻醉

为保证手术顺利实施，应对母牛做全身轻度麻醉和术部局部麻醉，具体做法如下。

（1）按 0.05～0.15 毫克/千克经尾静脉注射静松灵做全身轻度麻醉。注意注射制剂静松灵有效含量，如果注射制剂静松灵的有效含量是 100 毫克/毫升，注射总量应控制在 0.5～1.0 毫升/头，千万不可过量。

（2）用 100 毫升注射器吸取 80 毫升 2% 利诺卡因做椎旁阻滞，分四点注射，每点 20 毫升。注射点位置是：在第一胸椎根部两侧、第二和第三胸椎根部后侧。使用 9 号注射针头，长 10～12 厘米为宜，针头直径不可太粗。

（3）在腰椎横突下 10 厘米和最后肋骨后 5 厘米，做"T"形皮下浸润。总共使用 120 毫升 2% 利多卡因，水平方向和 45°斜下方向各用 60 毫升，注射针头同椎旁阻滞。

（4）沿拟作切口处，做点线皮下浸润麻醉。总共使用 60 毫升 2% 利多卡因，注射针头同椎旁阻滞。

经以上处理后，90 分钟内，可确保母牛对手术过程中造成的疼痛不会有反应。中等水平的术者一般可在 30～45 分钟内结束手术，所以麻醉时间是足够的。

八、保定

保定分躺卧保定和站立保定。

1. 躺卧保定

如母牛无法站立，那只能采取就地躺卧保定。应使母牛右侧躺卧，这样术部切口在左腹部，因左腹腔基本被瘤胃占据，故手术期间可阻挡肠管外溢。尽量使用褥草将母牛右侧垫高，以利腹水、胎水和手术消毒液向远离母牛下方排流通畅。母牛周围约 1 米处亦应铺垫足够褥草，以免灰尘飞扬。头部、双前肢和双后肢均应用结实绳索适当固定，双前肢和双后肢需向相反方向适度拽拉，以充分暴露左侧腹部。

2. 站立保定

站立保定因为操作简单快捷，同时实施剖宫产手术也相对容易。站立保定只需将母牛头部在自锁撞门保定栏或自锁颈枷锁牢靠，并用绳索将双后肢适度保定确实即可。保定双后肢的目的是防止注射麻醉剂或手术过程因万一麻醉不确实而发生突然飞踢事故。

九、切口

切口亦分为躺卧切口和站立切口。

1. 躺卧切口

在左下腹部皮肤皱襞与乳房附着处之间，沿左膝盖与脐孔之间的假想连接线，做一斜线切口，长 30～35 厘米。

2. 站立切口

在左腹部第二腰椎横突下 20 厘米和最后肋骨后 4 厘米处做一与背部垂直切口，长 30～35 厘米。

十、对躺卧保定母牛实施手术

（1）用手术刀在拟定切口部位做一 30～35 厘米长切口，需要一刀形成并切透皮肤、皮下组织和脂肪。

（2）对切口处皮下腹部的多层肌肉用手术刀柄做钝性分离。

（3）发现腹膜后，用止血钳小心翼翼夹提到切口，再以钝头腹膜剪剪一小孔容食指和中指进入，随后食指和中指引导钝头腹膜剪将腹膜小孔扩大为 30～35 厘米长。

（4）左手通过切口进入腹腔，发现子宫后用双手隔着子宫壁抓住胎犊后腿连带部分子宫拉出腹腔外，并用生理盐水将子宫表面冲洗干净。

（5）沿子宫角大弯同样做一 30～35 厘米长的切口，迅速将胎儿拉出，但需注意不要撕破子宫。如所做切口不够长，应对子宫和腹部切口均适当扩长，以利迅速拉出胎犊并避免损伤子宫。

（6）胎犊拉出后，如依然活着，应按正常接助产程序处理胎犊，此处省略。

（7）检查子宫内是否还有第二胎犊，并将已脱落的胎衣清除体外，尽量注意避免胎水流入腹腔。

（8）用可吸收缝合肠线对子宫切口做两次连续缝合。第一次是子宫壁全层连续缝合；第二次是子宫壁浆膜连续缝合。

（9）用可吸收缝合肠线做连续缝合，闭合腹膜腔。

（10）用可吸收缝合肠线做连续缝合，将切口处各层肌肉一次性缝合。第 8 步至第 10 步的操作均可使用同一型号的手术用大弯针即可，一根针用到底，不必更换。

（11）使用皮肤缝合针和不可吸收缝合尼龙丝线对皮肤切口最下端做一结节缝合，剪断尼龙丝线。然后离此结节缝合处上 3 厘米，用连续缝合法闭合皮肤切口。

（12）术后连续 3～5 日肌注抗生素，同时适当给予非固醇抗炎药物及支持疗法。

如果剖宫产手术成功，不仅可以保全胎犊，而且母牛术后 8～12 小时即可站立，同时开始饮水和采食，并逐日增加，泌乳亦随之恢复正常和逐日提高。一般情况下，10～14 日就可恢复正常。留在皮肤上的非吸收性缝合尼龙线，没有必要去除。

十一、对站立保定母牛实施手术

对站立保定母牛实施剖宫产手术过程基本相似于躺卧保定，只是若干细节略有差异，现以连续图片简单描述如何对站立保定母牛实施剖宫产手术（图6-1、图6-2、图6-3、图6-4）。

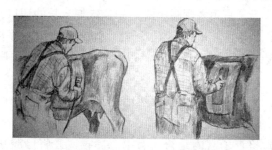

左：将术部剃毛、清洗并消毒；右：对术部进行皮下浸润麻醉

图6-1

左：在左腹部做一与背部垂直向下的切口，长30~35厘米；右：左手进入腹腔发现子宫

图6-2

左：将子宫拉出腹壁切口外并在子宫壁做一切口，继之拉出仍被羊膜囊包裹着的胎犊一后肢；中：将羊膜囊撕破，一手紧抓住胎犊后肢，另一只手进入子宫内；右：发现胎犊另一只后肢，两手各抓牢一只后肢，同时用力将胎犊拉出

图 6 – 3

左：胎犊被顺利拉出，脐带断裂后就会很快开始呼吸；右：将子宫切口闭合并送回腹腔，然后缝合腹部切口

图 6 – 4

第七章　提高奶牛繁殖力的措施

奶牛繁殖力是奶牛生产重要经济指标。奶牛繁殖是奶牛生产的重要环节之一，与奶牛饲养、管理、遗传育种、疾病防治关系十分密切。奶牛繁殖的最终目标是最大限度地减少种公牛和种母牛的饲养量，增加生产奶牛群的饲养量，以提高乳产品产量和质量以及生产经济效益。因此，提高奶牛繁殖力的措施必须考虑上述因素，还必须从提高优秀公牛和良种母牛繁殖力量方面入手，充分利用现代繁殖新技术，挖掘优良奶牛的繁殖潜力。

第一节　奶牛繁殖力指标

目前，国内外常用受胎率、情期受胎率、繁殖率等指标来表示家畜的繁殖力。通过年度或阶段统计家畜的繁殖指标，与正常繁殖力对照，检验工作成果，找出不足，以便及时调整生产方案，提高家畜的繁殖力。

一、受配率

指在本年度内参加配种的母牛数占畜群内适繁母牛数的百分率。主要反映畜群内适繁母牛发情配种的情况。适繁母牛是指母牛从适配年龄开始一直到丧失繁殖能力之前，都可称为适繁母牛，这里是不包括妊娠、哺乳及各种卵巢疾病等原因造成空怀的母牛；但是管理者在组织生产时，把认为具有繁殖能力的母牛当作适繁母牛，这里有的母牛可能有繁殖疾病。

受胎率（％）＝配种母畜数/适繁母畜数×100

二、受胎率

指在一定时间内配种后妊娠母牛数占参加配种母牛数的百分比。在受胎率统计中又分为总受胎率、情期受胎率、第一情期受胎率和不返情率等。

（1）总受胎率。指在本年度内妊娠母牛数占配种母牛数的百分率。

总受胎率（％）＝最终受胎母牛数／配种母畜数×100

此项指标反映了母牛受胎情况．可以衡量年度内的配种计划完成情况。

（2）情期受胎率。是指受胎母牛数与配种情期数的比例。也称为总情期受胎率。

情期受胎率（％）＝受胎母畜数／配种情期数×100

生产中情期受胎率可以按年度统计，也可按月统计。它能较快地反映出母牛的繁殖问题，同时也可以反映出人工授精技术员的水平，或实行某项技术措施的效果等。

（3）第一情期受胎率。指第 1 次发情配种妊娠母牛数占第 1 次发情配种的母牛数的百分比。同理，也可以有第二情期受胎率、第三情期受胎率。

第一情期受胎率（％）＝第一情期配种妊娠母畜数／第一情期配种母畜数×100

通常情况下，第一情期受胎率要比情期受胎率高。

（4）不返情率。指配种后一定时间内（如 30 天、60 天、90 天）未表现发情的母牛数占配种总数的百分率。30～60 天的不返情率，一般大于实际受胎率7％左右，但随着配种后时间的延长，不返情率就逐渐接近实际受胎率。

x 天不返情率（％）＝配种后 x 天未返情母畜数／配种母畜数×100

（5）配种指数。是指每次受胎所需要的配种次数。配种指数与情期受胎率密切相关，情期受胎率越高，配种指数就越低。

（6）分娩率。分娩率是指本年度内分娩母牛数占妊娠母牛数的百分比。不包括流产母牛数。反映维护母牛妊娠的质量。

分娩率（%）＝分娩母牛数/妊娠母牛数×100

（7）产仔率。指分娩母牛的产仔数占分娩母牛数的百分比。

产仔率（%）＝产出仔畜数/分娩母畜数×100

单胎家畜牛、马、驴等的产仔率一般不会超过100%。多胎家畜如猪、羊（山羊）、犬、兔等一胎可产出多头仔畜，产仔率均会超过100%。

（8）成活率。一般指哺乳期的成活率，即断奶成活的犊牛数占出生时活犊牛数的百分率。主要反映母牛的泌乳能力和护仔性及饲养管理成绩。

成活率（%）＝断奶时成活仔畜数/出生时活仔畜数×100

（9）繁殖率。指本年度内出生仔畜数（包括出生后死亡的幼仔）占上年度末可繁母牛数的百分比，主要反映畜群繁殖效率，与发情、配种、受胎、妊娠、分娩等生殖活动的机能以及管理水平有关。

繁殖率（%）＝本年度出生犊牛数/上年度存栏适繁母牛数×100

（10）繁殖成活率。指本年度内成活仔畜数（不包括死产及出生后死亡的仔畜）占上年度末适繁母畜数的百分比，是衡量繁殖效率最实际的指标。

繁殖成活率（%）＝本年度内成活犊牛数/上年度末适繁母牛数×100

三、21 天妊娠率

21 天妊娠率概念的提出与奶牛的生理特性有关。众所周知，奶牛产后机体恢复正常后，按生理规律会 21 天发情一次，因此以 21 天为一个阶段计算母牛的妊娠率。21 天妊娠率的计算包括了两个指标，一个是受胎率，另一个是配种率，即 21 天怀孕率（PR）＝配种率（SR）×情期受胎率（CR），其中配种率即每隔 21 天配种牛只占总准配牛只的比例，也就是我们通常讲的发情鉴定率；情期受胎率是指在这 21 天中妊娠牛只占所配牛只的比例。21 天妊娠率同时兼顾了受胎率和受配率两个繁殖指标。受胎率可以很好的表现出当前配种员的技术水平及牛场的饲养管理水平，而受配率，也就是发情鉴定率之间反映了 21 天中配种员的发情鉴定能力，侧面的反映了配种人员的工作状态及责任心。下面是 21 天妊娠率包括的两个繁殖指标的详细介绍。

（一）受配率

（1）奶牛产犊后一般需要一段时间恢复子宫机体功能，这段时间称为主动等待期（VWP，Voluntary Waiting Period），通常为了让高产奶牛有更好的恢复将该时间段定为 60 天。也就是说奶牛产犊 60 天后被认为是可参加配种的牛只，被定义为准配牛。

（2）如果准配牛在第一个 21 天内发情并配种，那就被定义为受配牛，如果在第一个 21 天内没有发情也没有受配，那么到下一个 21 天该牛只认为准配牛，同时在第一个 21 天受配但没有怀孕的牛只也计算为下一个 21 天的准配牛，而受配并怀孕的牛只不计入其内。

（3）如果在 21 天的阶段内，牛只被转出或淘汰，该牛只将不计算其内。

（4）每21天的阶段中，受配牛头数与准配牛头数之比，即为该阶段的受配率。

（二）受胎率

（1）在受配的牛只中，经妊娠检查为妊娠的牛只叫作怀孕牛。

（2）怀孕牛头数与受配牛头数的比例即为受胎率。一般常规妊检时间在45~60天，因此在60天以内妊检的牛只如果阳性就计入怀孕牛，如果没有及时妊检则不计入其内。其中，在此阶段转出或淘汰的牛只不计入其内。

（3）如果妊检阴性的牛只将转入下一个21天的准配牛，而妊检阳性的牛只则不计入下一个21天。

可见，21天妊娠率指标即考核了配种人员的发情鉴定率，同时考核了配种员的配种技术及妊检技术，该指标可以有效的督促配种人员进行发情鉴定和及时妊检，从而提高妊娠率和减少奶牛的空怀天数。

（三）21天妊娠率的应用对繁殖率的影响

一般受配率高的牛场21天妊娠率也高，这说明了在发情鉴定水平和配种技术水平一定的情况下，发情鉴定率越高，21天妊娠率也越高。发情鉴定率的高低取决于发情鉴定程序是否科学合理，如发情观察时间、发情鉴定人员水平以及其他辅助发情鉴定的技术措施等。受胎率高低受很多因素影响，其中包括配种时机、配种员的技术水平、母牛的健康状况、冻精质量及当时的环境状况等。应用了奶牛计步器来辅助母牛的发情鉴定，可以减少了漏情现象，从而有效的提高了21天妊娠率。可见，提高母牛的发情率和发情鉴定率可以有效提高21天妊娠率，从而可以达到提高繁殖率的效果。

第二节 影响奶牛繁殖力的因素

一、母牛先天性因素

（1）生殖器官幼稚型和畸形。生殖器官发育不全的幼稚型，没有繁殖能力。如卵巢特别小，子宫角过细，有时阴道、阴门也非常小。幼稚型的母牛到配种年龄时不发情，有时虽发情，但却屡配不孕。

（2）雌雄间性。又称两性畸形。雌雄间性是一个家畜同时具有雌雄两性的部分生殖器官。有两种情况，一种是性腺一侧为卵巢，另一侧是睾丸，或者两个生殖腺都是卵睾体；另一种情况是，只具有一种性别的性腺，但外生殖器官却属于另一个性别。如雄性假两性畸形有睾丸，但无阴茎，却有阴门。

（3）异性孪生不育。异性孪生不育主要发生于牛。母牛产双胎时，如一公一母，其中的母犊约94%不育，公犊正常。异性孪生的母犊到了性成熟后，仍见不到发情表现，阴门狭小、阴道短、阴蒂长，子宫发育不良或畸形，宫角如细绳，卵巢如黄豆粒或玉米粒大小。外貌酷似公牛，乳房几乎不发育。

造成异性双胎母犊不育的原因是孪生胎儿绒毛膜融合，血管出现较多的吻合支。公犊的性腺形成先于母犊，随着性腺形成而分泌的雄性激素进入母犊体内，使母犊生殖器官的形成受到干扰。母犊的性腺具有卵巢和睾丸的双重结构，激素分泌紊乱，影响了生殖道和外生殖器官的发育，使母犊永久地丧失繁殖力。鉴定异性双胎是否有繁殖能力，可完整收集胎膜，检查进入两胎儿的血管有无交叉吻合。

二、母牛营养性不育因素

由于饲养管理不当，引起母牛营养缺乏或过剩，出现繁殖障碍，营养性繁殖障碍生产中较为常见，程度有所不同，容易被忽视。

日粮中的能量水平对卵巢活动有显著作用。能量不足，可使泌乳牛卵巢出现静止而不发情。蛋白质不足，母牛瘦弱，可表现不发情，卵泡发育停止。矿物质和维生素不足可引起不发情或发育受阻。牛缺磷会使卵巢机能失调，性成熟晚，发情表现不明显。缺锰可造成母牛卵巢机能障碍。缺乏维生素 A 或维生素 E 可造成发情周期紊乱，流产率和胚胎死亡率增加。

饲料营养过剩，会引起母牛肥胖，过度肥胖的母牛内脏器官包括生殖器官有大量脂肪沉积和浸润，卵泡上皮变性，影响卵子的发生及排出，致使卵巢静止。另外，过度肥胖还会引起妊娠母牛胎盘变性，流产率、死胎率、难产率等明显增加。

三、环境气候性不育因素

母牛的生殖机能与日照、气温、湿度、饲料成分的突然改变等外界因素有密切关系，环境气候对季节性繁殖的家畜影响较为显著，如母马在早春和炎热季节卵泡发育较迟缓，而5—6月发育速度变快，排卵也正常。在早春遇到寒流时，排卵时间会明显延长。在炎热的夏季遇雨和气温下降会诱发排卵。配种时要依据这些变化，适时输精。高寒及高原地区在气温较低的月，牛、猪安静发情较多见。

在应激情况下，如高温、高密度饲养，奶牛的发情受抑制，受精出现障碍。从外地引进的种畜，由于运输应激及饲养、管理的突然变化，会出现暂时性的繁殖抑制。

四、管理性不育因素

母牛妊娠期间过度使役，可造成生殖机能减退，容易诱发流产及产道感染。运动不足会影响家畜健康，生殖能力下降，发情症状不明显。由于长期运动不足，家畜肌肉紧张性降低，分娩时易发生难产，造成胎衣不下、子宫不能复旧等现象。在泌乳期间如果奶牛的泌乳量高或牛犊哺乳期长，由于激素分泌不足，使母牛出现乏情。另外，在人工授精工作中，技术员的技术水平低、不能做到适时输精、精液品质差、消毒不严格等都会引起母牛的繁殖障碍。

第三节　母牛繁殖障碍及防治

繁殖障碍是指雄性动物和雌性动物生殖机能紊乱和生殖器官畸形以及由此引起的生殖活动的异常现象。如公牛性无能、精液品质降低或无精；母牛乏情、不排卵、胚胎死亡、流产、难产等。一些繁殖障碍是可逆的，通过改善条件或治疗后可以恢复繁殖机能；一些繁殖障碍是不可逆的，即一旦失去繁殖能力，就无法治愈或恢复。繁殖障碍是使动物繁殖力降低的主要原因，因此，了解引起繁殖障碍的原因，对于正确治疗繁殖疾病、提高奶牛繁殖率具有重要意义。

一、引起繁殖障碍的原因

（一）先天性疾病

雄性哺乳动物的隐睾症、睾丸发育不良、阴囊疝，雌性动物的生殖器官先天性畸形以及雄性和雌雄动物的染色体嵌合等遗传疾病，均可引起雄性动物不育和雌性动物不孕。

（二）饲养

（1）营养水平。营养水平与奶牛生殖有直接和间接两种关系，直接作用可引起性细胞发育受阻和胚胎死亡等，间接作用通过影响奶牛的生殖内分泌活动而影响生殖活动。营养水平过低，导致奶牛生长发育不良，可使母牛初情期延迟，公牛精液品质降低，母牛不发情或配种后胚胎发生早期死亡。此外，母牛营养不良时，胎衣不下（胎衣滞留）、难产等产科疾病的发病率增高，泌乳力下降，犊牛成活率低。营养过剩造成的母牛过度肥胖，胚胎死亡率增高，护犊性差，犊牛成活率低。

饲草饲料中的维生素和矿物质等营养物质对奶牛生殖活动有直接作用。例如，维生素 A、维生素 E 对提高精液品质和降低胚胎死亡率有直接作用；微量元素锌和硒等缺乏时，精子发生和胚胎发育等均受到影响。

（2）饲料中的有毒有害物质。某些饲料含有对生殖有毒性的物质，对公牛和母牛的繁殖均有影响。牛虽然属于非季节性繁殖动物，但在炎热的夏季发情率和受胎率均低于冬季。尤其在南方，高温往往与高湿联系在一起，在高温季节，如果湿度也高，不利于机体散热，则可加剧高温对奶牛繁殖的影响。

此外，饲料生产和加工以及贮藏等过程也可能产生对生殖有害的物质。例如，饲料生产过程中残留的某些除草剂和农药，饲料加工不当引起的某些毒素（如亚硝酸钠）以及贮藏过程中产生的毒素（如黄曲霉毒素）均对精液品质和胚胎发育有影响。

（3）环境因素。高温和高湿环境不利于精子发生和胚胎发育，对公牛和母牛的繁殖均有影响。牛虽然属于非季节性繁殖动物，但在炎热的夏季发情率和受胎率均低于冬季。尤其在南方，高温往往与高湿联系在一起，在高温季节，如果湿度也高，不利于机体散热，则可加剧高温对奶牛繁殖的影响。

（4）管理。发情鉴定不准、配种不适时是引起繁殖障碍的重要管理原因之一。在奶牛人工授精过程中，大多数人工授精员已经熟练掌握输精技术，但真正掌握奶牛卵泡发育规律、并根据直肠触摸进行发情鉴定的技术人员数量并不多，这是降低配种受胎率的原因之一。

母牛妊娠期间的管理不善，引起妊娠母牛跌倒、挤压等，易导致流产。母牛分娩时，如果护理不当，易发生难产和犊牛被压死、踩死或冻死等。人工授精和分娩接产操作不当，消毒不严等，易引起母牛阴道炎、子宫炎等产科疾病，也是导致繁殖障碍的重要原因。

（5）传染病。生殖器官感染病原微生物是引起奶牛繁殖障碍的重要原因之一。母牛生殖道内可为某些病原微生物生长繁殖的场所，被感染的母牛有些可表现明显的临床症状，有些则为隐性感染而无外部变化，但可通过自然交配或者操作不慎的人工授精传播给其他母牛，有时传播给人。某些疾病还可以通过胎盘传播给胎儿（垂直感染），引起胎儿死亡或传播给后代。此外，感染的孕牛流产和分娩时，病原微生物可随胎儿、胎水、胎膜及阴道分泌物排出体外，造成传播。

常见引起奶牛繁殖障碍的传染病有布氏杆菌病、颗粒性阴道炎、牛病毒性腹泻、毛滴虫病、李氏杆菌病等。因此，加强环境消毒和传染病预防是降低奶牛繁殖障碍的重要措施之一。

二、母牛繁殖障碍及其防治

奶牛繁殖障碍包括在发情、排卵、受精、妊娠、分娩以及哺乳等生殖活动的失败，以及在这些生殖活动中，由于管理失误所造成的繁殖机能丧失，是降低奶牛繁殖率的主要原因之一。引起奶牛繁殖障碍的主要因素有遗传、环境气候、饲养管理、生殖内分泌、免疫反应和病原微生物等。这里主要讨论造成母牛繁殖障碍（不孕症）的卵巢疾病、生殖道疾病和产科疾病等。

（一）卵巢疾病

常见的卵巢疾病有卵巢机能减退、卵巢囊肿、持久黄体等。

1. 卵巢机能减退

卵巢机能减退是由于卵巢机能暂时性受到扰乱，处于静止状态，不出现周期性活动，故又称为卵巢静止。如果机能长期衰退，则可引起卵巢组织的萎缩、硬化。

卵巢组织萎缩出衰老时出现外，母牛瘦弱、生殖内分泌机能紊乱、使役过重等也能引起。卵巢硬化多为卵巢炎和卵巢囊肿的后遗症。卵巢萎缩及硬化后，不能形成卵泡，外观上看不到母牛发情表现。随着卵巢组织的萎缩，有时子宫也变小。

治疗方法：①激素疗法。临床使用有绒毛膜促性腺激素（HCG）、促黄体生成素（LH）、促性腺激素释放激素（LRH）200 微克，GnRh 100～150 微克，配种前 6～8 小时或配种时肌内注射。②电针疗法。电针命门、百会、腰胯穴、阳关及交巢穴。③肌注新斯的明 20 毫升或 HCG 3 000～5 000 单位，然后将青霉素 160 万单位、链霉素 200 万单位、维生素 B_{12} 10 毫升，生理盐水 30 毫升，一次灌入子宫内。

2. 卵巢囊肿

卵巢囊肿可分为卵泡囊肿和黄体囊肿两种。卵泡囊肿是由于发育中的卵泡上皮变性，卵泡壁结缔组织增生变厚，卵细胞死亡，卵泡液被吸收或者增多而形成。黄体囊肿是由于未排卵的卵泡壁上皮发生黄体化，或者排卵后由于某些原因而黄体化不足，在黄体内形成空腔并蓄积液体而形成。

卵泡囊肿多发生于奶牛，尤其高产奶牛泌乳高峰期最容易发生。卵泡囊肿最显著的临床症状是出现"慕雄狂"。母牛发生卵泡囊肿时，卵泡直径可达 3～5 厘米，有时两侧发生卵泡囊肿。母牛发情周期变短，发情期延长，慕雄狂牛表现频繁、不规则、长时间持续发情，神情紧张、不安和频频吼叫，极少数牛性情凶猛，在任何时间都接受交配，绝大多数是频繁地爬跨其他母牛而拒绝让其他母牛爬跨。有的牛出现如同公牛样的性进攻行为或攻击人，舐或爬跨临近发情或已经发情的母牛。这一同性性交行为是病情恶化的表现，特称公牛化。生殖器轻度水肿和弛缓，阴唇增大、松弛、水肿。慕雄狂牛还可能发生阴道脱出和阴道积气。阴门排出的黏液数量增多，比发情的黏液还要黏稠。通过直肠检查能触摸到一侧或两侧卵巢有1个或数个的囊肿卵泡，呈圆柱形，壁薄容易破裂，十天后复诊时仍不排卵，大的囊肿继续存在。卵巢上无黄体，也无黄体组织，甚至无囊肿黄体存在。

黄体囊肿的临床症状是卵巢肿大而缺乏性欲，长期乏情。直肠检查时，母牛的囊肿黄体与囊肿卵泡大小相近，但壁较厚而软，小而紧张。如果囊肿卵泡与正常卵泡大小相似，为了区别诊断，可间隔2~3天再检查1次。

卵巢囊肿可引起生殖内分泌机能紊乱。通常，卵泡囊肿母牛外周血中促卵泡素（FSH）、抑制素和雌激素水平升高，黄体囊肿母牛外周血中孕激素水平升高。生殖内分泌紊乱也是引起卵巢囊肿的主要原因。例如，母牛用大剂量孕马血清（PMSG）处理后，易引发卵巢囊肿，严重者卵巢直径可达8~10厘米。

防治：在预防方面首先要做到早期发现、早期治疗，分娩后不久的卵巢囊肿是容易治愈的，所以如果发现异常时就应尽早尽快治疗。据日本有关资料报道，分娩后治疗的天数与治愈率的关系是120天以内的93%，121~181天的76%，181天以上的48%。由此看来，早期治疗是非常重要的。由于牛经常发生卵巢囊肿，所以在60天左右必须进行妊娠诊断，这样就能早期发现卵巢囊肿。

（1）对卵泡囊肿的治疗可采用以下方法。

①促黄体素（LH）100~200单位，1次肌内注射，连续5~7天。②绒毛膜促性腺激素（HCG）5 000~10 000单位，1

次肌肉或静脉注射。③促黄体素释放激素（LRH）类似物，常用的是 LRH—A3，用量 50 ~ 100 微克，1 次肌内注射，连用 1 ~ 4 天。可配合黄体酮 100 毫克肌内注射。④孕酮 50 ~ 100 毫克，1 次肌内注射，但总量为 750 ~ 1 000 毫克。⑤前列腺素 F2n 5 ~ 10 毫克，1 次肌内注射。⑥地塞米松 10 毫克，1 次静脉注射，隔日 1 次，连注 2 ~ 3 次。⑦1% 孕酮 50 毫克，1 次肌注，同时用碘化钾 150 毫克，1 次内服，连用 7 天，GnRH 0.3 ~ 3.0 毫克，肌内注射。

（2）对黄体囊肿的治疗。

①前列腺素 $F_{2\alpha}$ 5 ~ 10 毫克，1 次肌内注射。②15 甲基前列腺素 $F_{2\alpha}$ 2 毫克，氯前列烯醇 0.5 ~ 1.0 毫克，1 次肌内注射，隔 7 ~ 10 天再注射 1 次。③催产素 200 单位，1 次肌注，每日注射 2 次，总量为 400 单位。

3. 持久黄体

也称永久黄体滞留。妊娠黄体或发情性周期黄体及其机能长期存在而不消失。在组织结构和对机体的牛理作用方面，持久黄体与妊娠黄体或周期黄体没有区别。持久黄体同样可以分泌孕酮，抑制卵泡发育和发情，引起不孕。约有 26% 的母牛和 14% 的发情周期发生持久黄体。母牛持久黄体一部分呈圆柱状或蘑菇状突出于卵巢表面，比卵巢实质稍硬。直肠检查，一侧或两侧卵巢体积增大，卵巢内有持久黄体存在，并突出于卵巢表面。呈捏粉感，质地较硬，其大小不一，数日有 1 个或 2 个以上。

舍饲时，运动不足、饲料单一、缺乏维生素及矿物质等均可引起持久黄体。高产奶牛在冬季已发生持久黄体。此外，此病常和子宫炎症引起前列腺素分泌减少等有关。子宫积水、积脓、子宫内有异物、干尸化等，都会使黄体得不到消退而成为持久黄体。

治疗：前列腺素及其合成类似物是治疗持久黄体最有效的激素。应用后患病母牛大多在 3 ~ 5 天内发情，配种能受胎。如国产的氯前列烯醇，肌内注射母牛 0.4 ~ 0.6 毫克或者子宫灌注 0.2 ~ 0.3 毫克就可以治愈。此外，FSH、PMSG 和雌激素以及 GnRH 类似物（如促排 3 号）等，也可以治疗持久黄体。

（二）生殖道疾病

1. 子宫内膜炎

子宫内膜炎有急性、慢性和隐性之分。慢性子宫内膜炎由急性转化而来，大部分由链球菌、葡萄球菌及大肠杆菌引起。输精时消毒不严，分娩、助产时不注意消毒以及操作不慎，可将微生物带入子宫，引起子宫感染；胎衣不下或胎衣排出不完全、牛布氏杆菌病等都可并发子宫内膜炎。

（1）慢性子宫内膜炎。根据炎症的性质，可将慢性子宫内膜炎分为卡他性、卡他脓性和脓性三种。慢性卡他子宫内膜炎严重者可发展为子宫积水，其特征为子宫黏膜松软和增厚，有时甚至发生溃疡和结缔组织增生。慢性卡他性子宫内膜炎的病牛一般不表现全身症状，有时体温略微升高，食欲及产奶量略有降低；发情周期正常。但是屡配不孕，或者发生胚胎早期死亡；不发情时进行阴道检查，可见正常黏膜，但带有絮状的黏液。子宫颈稍微开张，有时可见阴道中有透明或混浊黏液，牛在卧下或发情时流出大量混浊黏液。但是如果子宫颈封闭，则无黏液流出。

慢性卡他性脓性子宫内膜炎其病理变化比较严重，有时可发展为子宫积脓，其特征为子宫黏膜肿胀，剧烈充血和瘀血，并出现上皮组织变性、坏死、脱落积脓性浸润，有时形成肉芽组织或瘢痕，子宫腺可形成大小不同的囊肿。病牛有轻度全身性反应，精神不振，食欲减少，逐渐消瘦，有时体温略有升高。有时出现瘤胃弛缓，反复表现轻度消化紊乱症状。发情周期不正常，从阴门排出灰白色或黄褐色稀薄分泌物，有时附着于尾根、后肢、臀部并形成结痂。阴道检查时，发现阴道黏膜及子宫颈阴道部充血，子宫颈口略微开张，往往有脓性分泌物。直肠检查时，感觉子宫角粗大，壁的厚薄和软硬程度不一，脓性分泌物多时出现波动感，卵巢上有黄体存在。

（2）隐性子宫内膜炎的特征是子宫不发生形态上的变化，直肠检查和阴道检查也无任何变化，发情周期正常，但是屡配不孕。发情时从子宫排出较多的分泌物，有时分泌物略显混浊。冲洗子宫时，发现冲洗回流液静置后有沉淀或蛋白样絮状物。

（3）子宫积水、子宫积脓、胎儿干尸化和胎儿浸溶。慢性卡他性子宫内膜炎发生后，如果子宫颈管黏膜肿胀而阻塞子宫颈口，使子宫内炎性产物不能排出，造成子宫内积有大量棕黄色、红褐色或灰白色稀薄或稍稠的液体，称为子宫积水。患有子宫积水的病牛往往长期不发情，除子宫颈完全不通时不能排出分泌物外，往往不定期从阴道中排出分泌物。直肠检查有时感到子宫壁薄，有明显的波动感，两子宫角大小相等或一角膨大，有时子宫角下垂，无收缩反应，也摸不到胎儿和子叶，卵巢上有时有黄体。

如果子宫内积有大量脓性渗出物，子宫颈管黏膜肿胀，或者黏膜粘连形成隔膜，使脓液不能排出，蓄积在子宫内，称为子宫积脓。患有子宫积脓的病牛，黄体持续存在，发情周期终止，但无明显的全身变化。如果病牛发情或子宫颈管黏膜肿胀减轻时，则可见排出脓性分泌物。直肠检查子宫显著增大，往往与妊娠 2～4 个月的子宫相似。子宫壁增厚，但各处薄厚和软硬程度不一。整个子宫紧张，触诊感觉有硬的波动或面团状感觉，卵巢上有黄体存在，有时有卵泡。

胎儿干尸化是指胎儿死后组织中的水分及胎水被母体吸收，胎儿变为黄褐色，好像干尸一样（又称木乃伊化）保留在子宫内不能排出体外的现象。胎儿浸溶是指胎儿死亡后软组织被分解、变成液体样，而骨骼留在子宫内的病理现象。

（4）子宫内膜炎的防治。对子宫内膜炎平时的预防尤为重要，要做到早期发现，早期治疗，一般分娩后经过 2 周以上仍然分泌大量不干净的黏液和不到发情期就排出黏液的牛，大多数患有子宫内膜炎；所以要求在助产和摘除胎衣时，手伸入产道之前，要用肥皂温水或消毒液仔细地擦洗肛门和阴部周围。

术者也要戴上消毒过的乙烯树脂手套；在刚分娩后的 4 ~ 5 天内要让牛趴在清洁的褥草上；人工授精前也要与产犊时一样处置阴门和肛门周围，然后用干燥清洁的毛巾擦净，才能进行输精。

在治疗中，一般采用先冲洗子宫，然后灌注抗生素的方法进行治疗。对分泌物较多的黏液脓性子宫内膜炎，要用大量的生理盐水冲洗子宫内不洁的异物，排净洗液后，向子宫内输入抗生素类药物，对隐性子宫内膜炎不用冲洗子宫而直接向子宫内输入药物也可以；对子宫积脓症，除了加强子宫的洗涤外，还要注射雌激素或前列腺素。

（5）子宫内灌注药物选择。①抗生素注入：链霉素、金霉素、土霉素、磺胺类。②碘制剂：5% 复方碘液 20 毫升，蒸馏水 500 毫升。③5% ~ 10% 鱼石脂溶液 100 毫升，每日或隔日 1 次。④土霉素 3 克，碳酸氢钠 2 克，蒸馏水 100 毫升；硼酸 3 克，柠檬酸 2 克，蒸馏水 100 毫升，分别注入子宫。⑤青霉素 200 万单位，甲醛尿嘧啶 3 克，鱼石脂 5 克，5% 氨苯磺胺鱼石脂乳剂 100 克，一次注入。⑥子宫蓄脓时，用前列腺素 2 ~ 6 毫克，配合使用抗生素、碘制剂。

2. 子宫扭转

母牛发生子宫扭转一方面是由于生殖器官解剖特点造成的，奶牛妊娠子宫小弯背侧由子宫阔韧带悬吊，大弯则游离于腹腔，位于腹底壁，依靠瘤胃及其他内脏和腹壁支撑，这样的解剖结构加上牛的特殊起卧方式，以致孕牛在急剧起卧时一旦滑倒或跌跤，游离在腹腔内的妊娠子宫由于惯性作用，子宫就向一侧（左或右）扭转。其次是由于妊娠子宫张力不足造成的，子宫壁松弛，非妊娠子宫角体积小，子宫系膜松弛，胎水量不足易发生子宫扭转。

妊娠期间发生子宫扭转，没有明显的特殊症状，母牛稍有不安，有轻度腹痛，前蹄刨地、回顾腹部，后肢踢腹。病牛背腰拱起，不时努责或表现不同程度的阵缩，但阴门不露胎儿和胎膜，食欲减退或废绝，往往误诊为消化道疾病或其他疾病。

在临产前或分娩时发生子宫扭转，病牛表现烦躁不安，频频摇动尾巴，有踏步踢腹动作，食欲废绝，阵缩或努责，但看不到胎膜、胎水和胎儿排出。直肠检查，手伸入直肠深处，觉得不是直通而有转向一侧的感觉，可摸到子宫皱襞，扭转一侧的子宫阔韧带紧张，而另一侧的子宫阔韧带松弛，阴道呈螺旋形皱褶，使子宫拉紧，直肠检查偶尔能触到子宫体，胎儿都为纵向侧位或下位。阴道检查，如果将消毒手臂伸入阴道后，在扭转的程度较轻的时候，无论怎样，手都能到达子宫外口。但如果程度严重后，前方就会变得狭窄手伸不进去，沿扭转的方向触摸阴道壁呈螺旋状的褶。高度扭转的牛，阴唇肿胀，肿胀的状态呈椭圆形。就是说扭转的方向与阴唇肿大的方向相反。

防治：①临近分娩的牛突然出现无食欲或腹部膨胀时，绝不能单纯的认为是胃食滞，应通过阴道、直肠检查，查明子宫是否异常。②在分娩时不表现阵痛也要进行上述检查。③在妊娠末期的牛，要避免让其进行不必要的运动，要尽量让其在多垫铺草的产房内分娩。④如果怀疑子宫扭转时，需要安排 7 ~ 8 人的助手。

在治疗过程中，如果不把扭转的子宫送回到原来的状态，就达不到救护的目的。此病最普通的整复方法就是翻转母体法，即将母牛与扭转的同侧横卧（如果右侧扭转将右腹向下卧），将前肢和后肢分别用绳子绑住，将绳头留下约 90 厘米，每边大约用 3 人的力量向与扭转的相同方向迅速拉绳子使牛回转。如果让其回转 1 次安静的回到原来的横卧状态后，再一次让其急速回转。如果回转 2 ~ 3 次，就将消毒手伸入产道检查一下是否解除了扭转。这种方法凡是在 270°以下的扭转而且胎儿活着的情况下，大部分是成功的。进行这种方法必须在宽阔的场地，稍微倾斜的草地是最理想，冬天在积雪上也是可以的。在扭转的程度较轻，子宫颈口开张的时候，让母牛站立，在腹下横上厚板子向上抬子宫，从阴道或直肠内抓住胎儿的一部分来回摇动子宫，一口气向扭转的相反方向同转也能整复。在无论怎样也整复不了的情况下，胎儿死了时间很长的时候，要通过开腹手术进行整复或进行剖宫产取出。

3. 阴道炎

继原发性阴道炎是由于分娩时受伤或细菌感染和人工授精引起损伤造成的，继发性阴道炎常见于子宫内膜炎、子宫和阴道脱、胎衣不下等疾病。由于粪、尿以及阴道和子宫分泌物在阴道内积聚而引起感染，发生阴道炎。也有由于病毒感染及传染力较强的阴道炎所致，如牛传染性脓疱性阴道炎和滴虫性阴道炎等。

在患阴道炎时病牛不定期的从阴门中流出黏脓性分泌物，其分泌物粘在阴门、尾根和臀部周同的被毛上并形成干痂。检查阴道可发现阴道黏膜轻度肿胀，充血或出血，一般无全身症状。阴道黏膜深层有炎症时，病牛不断努责，从阴门排出污红色恶臭的脓性分泌物，病牛常有弓腰努背，翘尾、尿频、体温升高、精神沉郁、食欲下降、乳量减少。阴道检查黏膜充血肿胀、糜烂、坏死和出血，阴道内有脓性分泌物。严重病例可发展成为浮膜性、颗粒性阴道炎，翻开阴唇就看到粟粒大的黄色的病变，这种阴道炎传染力极强，包括育成牛，有时一栋牛舍大部分牛都患此病。

防治：①首先要防止牛分娩时造成外伤和遵守人工授精操作规程，避免细菌的侵入。其次在治疗方而，对轻型阴道炎，用0.1%高锰酸钾溶液或0.01%～0.05%的新洁尔灭溶液冲洗阴道。②阴道水肿严重时，用2%～5%氯化钠溶液冲洗，有大量浆液性渗出时用1%～2%明矾液冲洗。③阴道冲洗后局部涂抹消毒剂或抗生素类软膏，如10%的碘甘油、抗生素软膏、磺胺软膏、氯霉素栓、洗必泰栓等。另外要根据病情的轻重给予静脉注射或肌注抗生素。

4. 阴道脱出

分娩前后，发情期患卵巢囊肿时较多见，所以一般认为与雌激素有密切关系，由这个时期雌激素不断的分泌致使阴道和阴门周围的组织弛缓，而发生阴道脱出。其次，腹内压力过大，在妊娠末期由于胎儿大腹压增大，以及瘤胃臌气等均可引起此病。此外，饲养管理不善，运动量小，饲料单一，特别足年老、经产牛，体弱膘情差的牛也是引起阴道脱出的原因。

病牛阴道脱出就是阴道上壁从阴道口呈球状翻出的状态，症状较轻的时候，只是在牛爬下时脱出，起立后，能自然回缩。如果症状较重阴道就会全部脱出，呈苍白色球状物，个别的病牛还可继发直肠脱出。病牛脱出的阴道黏膜，初期表面光滑，湿润呈粉红色，以后则黏膜淤血、水肿，变为紫红色或暗红色，黏膜表面干裂并流出带血的液体，病牛由于疼痛而剧烈地努责。夏季可能生蛆，冬季可能冻伤，妊娠中的牛往往引起流产和直肠脱出等合并症。

防治：

（1）保守疗法。轻症临产牛应单独饲养，牛床后面垫高，使后躯高于前躯5~15厘米，有一定防治效果。

（2）手术疗法。对阴道完全脱出和不能自行复位的部分脱出病例，要进行局部清理和整复固定。

①局部清理。温明矾溶液清洗，使其收缩变软，对于有损伤的部分应予缝合。对水肿严重的可用热毛巾敷10~20分钟使其体积变小。②保定。要将奶牛固定在特制的前低后高的牛床上进行整复，以利于整复脱出的阴道。③整复。先由助手用纱布将脱出的阴道托起至阴门部，术者用手掌趁患牛不努责时往阴门内推送，待全部送入后，再用拳头将阴道顶回原位。这时手臂应在阴道内停留一段时间，以免努责阴道再次脱出。④固定。用双内翻缝合固定法，在阴门裂的上1/3处从一侧阴唇距阴门裂3厘米处进针，从距阴门裂0.5厘米处穿出，越过阴门在对侧距阴门裂0.5厘米处进针，从距阴门裂3厘米处穿出。然后再在出针孔之下2~3厘米处进针，作相同的对称缝合，从对侧出针束紧线头打一活结，以便在临产时易于拆除。根据阴门裂的长度必要时再用上法作1~2道缝合，但要注意留下阴门下角，便于排尿。另外，在阴门两侧外露的缝线和越过阴门的缝线套上一段细胶管，以防止强烈努责时缝线勒伤组织。此外还有袋口缝合固定法、阴道侧壁缝合固定法等。无论哪种缝合法，缝线应牢固，能承受很大的压力，同时均在母牛分娩前拆除。阴道脱整复后，也可用绳将阴门压定器固定在阴门裂上。⑤术后护理。将病牛置于前低后高的牛床上进行饲养，为防止继续努责，可适当给予镇静剂，局部涂布碘甘油或其他消毒防腐药。如果有全身症状，应连续注射3天抗生素，完全愈合后再进行拆线。

（三）产科疾病

1. 胎衣不下

母牛分娩后胎盘胎衣在正常时间内不能排出体外，称为胎衣不下，也叫胎衣停滞或胎衣滞留。母牛从胎儿娩出后，一般经 4~8 小时可自行排出胎衣。如经 12 小时以上胎衣还未能全部排出的，则可认为胎衣不下。奶牛胎衣不下的发病率一般在 10% 左右，个别牛场可高达 40%。饲养管理水平低可引起胎衣不下外，流产、早产、难产、子宫扭转都能在产出或取出胎儿后，由于子宫收缩力不够而引起胎衣不下。正常母牛分娩后，由于子宫肌具有较强的收缩力，是促使排出胎衣的主要动力，然而，若子宫收缩乏力、弛缓则子宫肌的收缩力减弱或停止，导致胎儿胎盘与母体胎盘部分或完全不能分离而发生停滞；由于胎膜和子宫内膜感染，而引起胎儿胎盘和母体胎盘发炎，或者只是由于母体子宫发炎所引起的胎儿胎盘和母体胎盘愈合，也是胎衣不下的主要原因，妊娠期延长，胎盘结缔组织增生，也可阻止胎盘分离运动不足或某种营养素（维生素 A、微量元素硒）不足也是一个原因。饲养管理水平低可引起胎衣不下外，流产、早产、难产、子宫扭转都能在产出或取出胎儿后，由于子宫收缩力不够而引起胎衣不下。正常母牛分娩后，由于子宫肌具有较强的收缩力，是促使排出胎衣的主要动力，然而，若子宫收缩乏力、弛缓则子宫肌的收缩力减弱或停止，导致胎儿胎盘与母体胎盘部分或完全不能分离而发生停滞；由于胎膜和子宫内膜感染，而引起胎儿胎盘和母体胎盘发炎，或者只是由于母体子宫发炎所引起的胎儿胎盘和母体胎盘愈合，也是胎衣不下的主要原因；妊娠期延长，胎盘结缔组织增生，也可阻止胎盘分离；运动不足或某种营养素（维生素 A、微量元素硒）不足也是一个原因。

全部胎衣不下时，胎儿胎盘的大部分仍与子宫黏膜连接，仅见一部分胎膜悬吊于阴门之外。胎盘脱出部分包括尿囊绒毛膜，呈土红色，表面有许多大小不一的子叶。由于牛的个体差异，有的出现发烧、食欲减退、乳量减少等症状，也有的完全没有全身症状。部分胎衣不下时，胎衣大部分已排出体外，只有一部分或个别胎儿胎盘残留在子宫内，从外部不易发现。主要诊断依据是恶露的排出时间延长，有臭味，并含有腐败胎盘碎片。由于组织腐败分解与细菌的感染并产生大量的毒素，毒素被吸收，引起自体中毒，出现全身症状。体温升高，精神沉郁，食欲明显废绝，泌乳减少或停止，甚至可转化为脓毒败血症。

（1）手术剥离。手术剥离为首选疗法，手术剥离应根据季节、气温及患牛全身情况，在产后 18～24 小时进行。过早、过晚剥离对患牛都不利，过早剥离是一种硬性剥离，与手术剥离条件不符，会遭到强烈的努责，导致剥离困难或出血过多；过晚则由于胎衣腐败分解，胎儿胎盘的绒毛因腐烂而断离在母体胎盘小窦中，甚至个别胎儿胎盘容易残留附着在母体胎盘上，可继发子宫内膜炎。也可能因子宫颈口已收缩，手臂无法伸入子宫，而贻误剥离时机。

（2）子宫投药法。不用手术摘除，直接向子宫内灌注抗生素，这种方法平均 5 天左右就可自然排出胎衣。在排出的同时要再一次向子宫内塞入抗生素，由于这种方法对今后受胎有益处，所以近来采用这种方法的逐渐增多。

（3）钙制剂疗法。对于习惯性经常发生胎衣停滞的经产牛及高产母牛，在其产犊后，应该立刻给予静脉注射钙制剂5% 氯化钙注射液 150～200 毫升或 10% 葡萄糖酸钙注射液 400～600 毫升，钙制剂可以增强子宫收缩，促进胎衣排出。

（4）激素疗法。一般常用的促使子宫颈口开张和收缩的激素。产后立即注射催产素，可预防胎衣不下，如有胎衣不下时再注射一次，可促进胎衣排出。

（5）对出现发烧或食欲减退的牛，还要给予全身性抗生素类药物。

无论哪种治疗方法，对胎衣停滞的牛，在分娩后 1 个月左右，都要检查 1 次子宫恢复的状态，以便根据临床症状进一步的对症治疗。

2. 流产

母牛在妊娠期满之前排出胚胎或胎儿的病理现象，称为流产。流产可发生妊娠的各个阶段，但以妊娠早期多见。流产的表现形式有早产和死产两种。早产是指产出不到妊娠期满的胎儿，虽然胎儿出生时存活，但因发育不全，生活力降低，死亡率增高。死产是指在流产时从子宫中排出已死亡的胚胎或胎儿，一般发生在妊娠中期或后期。妊娠早期（2 个月以前）发生的流产，由于胎盘尚未形成，胚胎游离于子宫液中，死亡后组织液化，被母体吸收或者在母牛再发情时随尿液排出而不易发现，故又称隐性流产。牛隐性流产发病率很高，有时可达 40% ~50%。

流产时，从阴道中排出胚胎或胎儿和胎盘及羊水等，但也有流产时从外表看不出流产症状，即排出物中见不到胚胎或胎儿。除上述隐性流产见不到胚胎外，胎儿干尸化、胎儿半干尸化或胎儿浸溶时也看不到排出胎儿，这种流产又称为延期流产。干尸化胎儿必须在子宫内停留相当长时间，待妊娠期满数周后、黄体的作用消退而再发情时，才从阴道中排出。干尸化胎儿排出时，有时发生于妊娠期，有时发生于妊娠期满后数周甚至数月后，也有时发生于妊娠期满前数周。胎儿浸溶比干尸化少见。牛发生胎儿浸溶时，由于病原微生物引起子宫炎，可使母牛表现败血症及腹膜炎的全身症状，即先是精神沉郁，体温升高，食欲减退，瘤胃蠕动减弱，并常见腹泻。如为时已久，上述症状有所好转，但极度消瘦，母牛经常怒责。胎儿软组织腐烂后，变成红褐色或棕褐色难闻的黏稠液体，在怒责时流出，其中可带有小的骨片。最后则仅排出脓液，液体粘在尾巴和后腿上，干后成为黑痂。

引起流产的原因很多，生殖内分泌机能紊乱和感染某些病原微生物，是引起早期流产的主要原因，管理不善，如过度拥挤、跌倒、摔伤等，是引起后期流产的主要原因。通常，人们习惯于将由传染性疾病、寄生虫和非传染性疾病引起的流产，分别称为传染性流产、寄生虫流产和普通流产三大类。每类流产又可分为自发性流产和症状性流产两种。自发性流产是指胎儿和胎盘之间的联系受到影响时发生的流产；症状性流产是指妊娠母牛在某些疾病的影响下出现的症状，或者是饲养管理不当引起的流产。由生殖器官疾病或生殖内分泌急速紊乱引起的流产，每次发生于妊娠的一定时期，故又称为习惯性流产或滑胎。

如果流产时出现类似分娩的征兆，即临床上出现腹痛、起卧不安、呼吸脉搏加快等现象，称为先兆性流产。发生先兆性流产时，如果阴道检查未见子宫颈开张，子宫颈塞尚未流出；直肠检查发现胎儿还活着，则可以用抑制子宫收缩（孕激素）或镇静（溴剂、氯丙嗪等）的药物进行治疗，同时也应控制进行阴道检查和直肠检查，以免刺激母牛。孕激素用量（孕酮）50~100毫克，每日或隔日1次，连用数次，也可注射1%硫酸阿托品1~3毫升。

先兆性流产如果经过上述方法处理后病情仍未好转，阴道排泄物增多，起卧不安加剧，阴道检查发现子宫颈口已经开张，胎囊已经进入产道或已破水，流产已成定局时，应尽快促使子宫内容物排出，以免胎儿死亡腐败后引起子宫内膜炎影响以后受孕。

如果子宫颈口已经开大，用手将胎儿拉出。流产时，胎儿的位置和姿势往往反常，如果胎儿已经死亡，矫正遇到困难时可实施截胎术。如果子宫颈开张不大，手不易伸入，可参考人工引产方法（如注射地塞米松或氯前列烯醇等）促使子宫颈开放，并刺激子宫收缩。如果胎儿已经死亡，取出胎儿后，须在子宫内灌注抗生素。

对于延期流产，胎儿发生干尸化或浸溶时，由于子宫颈开放不够大，首先须用人工引产的方法使子宫颈扩张。同时因为产道干涩，应在产道和子宫内灌注润滑剂。处理干尸化胎儿时，由于胎儿头颈和四肢蜷缩在一起，且子宫颈开放不大，须用一定力量或先行截肢才能将胎儿去处。处理胎儿浸溶时，如果软组织已基本液化，须尽可能将胎骨逐块取净。

分离骨骼有困难时，须根据情况先进行破坏后再取出。如果处理较早，胎儿尚未浸溶，仍处于气肿状态，可将腹部抠破，缩小体积，然后取出。操作过程中，术者应防止自身感染。取出干尸或浸溶胎儿后，由于子宫中留有胎儿的分解组织，须用消毒液冲洗子宫，并注射子宫收缩剂，使液体排出（同子宫内膜炎处理方法）。对于胎儿浸溶，因为有严重的子宫炎及全身变化，须在子宫内灌注抗生素，并应重视全身治疗，以免出现败血症。

对于习惯性流产的牛，从流产危险期大约1个月前，每隔1~2周注射1次黄体酮，一般能预防流产。

第四节　提高母牛繁殖力的措施

一、在育种方面重视繁殖性能

（1）繁殖理应作为育种指标。自然繁殖性状的遗传力较低，但培育具有高繁殖力特性的动物新品种和新品系，一直受到发达国家的重视，尤其美国、英国、法国、意大利等国家。

公牛精液品质和受精能力与遗传性能密切相关，而精液品质和受精能力往往是影响卵子受精、胚胎发育和犊牛生长成活的决定因素。一头精液质量差、受精能力低的公牛，即使与繁殖力高的母牛配种，也可能引起母牛受胎率降低，或者胚胎成活率降低，最终降低繁殖力。

（2）及时淘汰有遗传缺陷的种牛。异性孪生的母牛犊中约有95%无生殖能力，公牛犊中约有10%不育，应用染色体分析技术在犊牛出生后进行检测，及时淘汰遗传缺陷牛，可减少不孕奶牛饲养头数，提高奶牛群的繁殖率。公牛隐睾、公母牛染色体畸变，都可影响繁殖力。某些屡配不孕、习惯性流产或胚胎死亡及初生犊牛生活力低等疾病，也与遗传（染色体畸变）有关。对于这些遗传缺陷的奶牛，最经济有效的预防方法就是及时淘汰。

二、加强饲养管理

（1）推广全混合日粮（TMR）饲养技术。根据奶牛不同生理发育阶段，将精、青、粗饲料科学合理的配制成全混日粮，确保营养全面及合理搭配，保证奶牛维持生长和繁殖的营养平衡。

（2）防止饲草饲料中有毒有害物质中毒。棉籽饼中含有的棉酚和菜籽饼中含有的硫代葡萄糖苷毒素，不仅影响公牛精液品质，还影响母牛受胎、胚胎发育和胎儿成活等；豆科牧草和葛科牧草中存在的植物雌激素，既可以影响公牛性欲和精液品质，又可干扰母牛的发情周期，还可引起流产等。因此，在奶牛的饲养中应尽量避免使用或少用这类饲草和饲料。

此外，饲料生产、加工和贮存过程也可能污染或产生某些有毒有害物质。如饲草饲料生产过程中有可能残留或污染农药、化学除草制、兽药以及寄生虫卵等，加工和贮藏过程中有可能发生霉变，产生诸如黄曲霉毒素类的生物毒性物质。这些物质对精子生成、卵子和胚胎发育均有影响。

（3）加强环境控制。在南方的夏季应注意防暑降温，在北方的冬季应注意防寒保暖。还应注意环境绿化、美化。加强环境消毒等工作，保持环境清洁。

三、加强繁殖管理

（一）选用优质牛冷冻精液

在奶牛繁殖配种过程中，从具有良种牛及冷冻精液生产资质的机构或企业选用优质牛冷冻精液，是保证奶牛繁殖力的重要前提。人工授精前要对冷冻精液解冻后的活力、密度等进行检验，以确保使用合格冻精。

（二）提高母牛受配率和受胎率

（1）缩短产后第1次发情间隔。诱导母牛在哺乳期或断奶后正常发情排卵，对于提高奶牛受配率、缩短产犊间隔或繁殖周期具有重要意义。在正常情况下，奶牛可在哺乳期发情排卵。但在某些情况下，有的在产后2~3个月甚至更长时间仍无发情表现，因而延长产犊间隔，降低繁殖力。

影响产后第1次发情的因素很多，如哺乳、营养不良、生殖内分泌机能紊乱、生殖道炎症等。因此，采用早期断奶、加强饲养管理、及时治疗产科疾病等措施，可以预防产后乏情。必要时，可根据病因应用促性腺素、前列腺素、雌激素等诱导发情。

（2）适时配种。正确的发情鉴定是确定适时配种或输精时间的依据；适时配种是提高受胎率的关键。在牛的发情鉴定中，目前普遍应用而且比较准确的方法还是通过直肠检查，触摸卵巢上的卵泡发育情况。

人工授精过程中，要注意精液解冻和输精器械的洗涤和消毒，输精器械洗涤消毒后，要烘干或用生理盐水冲洗，防止输精器内壁黏附的水分降低精液渗透压。所以，严格执行人工授精技术操作规程，是提高奶牛情期受胎率的基本保证。

（3）治疗不孕症。不孕症是引起母牛情期受胎率降低的重要原因。引起奶牛不孕的因素很多，但其中最主要的因素是子宫内膜炎和异常排卵。而胎衣不下是引起子宫内膜炎的主要原因。因此，从奶牛分娩开始，要重视产科疾病和生殖道疾病的预防，对于提高情期受胎率具有重要意义。

（三）降低胚胎死亡率

胚胎死亡率与奶牛年龄、饲养管理和环境条件等因素有关。在正常配种或人工授精条件下，情期受胎率降低的主要原因是胚胎早期（配种后 21 天内）死亡。通常，牛胚胎死亡率一般可达 10%～30%，最高达 40%～60%。因此，降低胚胎死亡率是提高奶牛繁殖率的又一重要措施。

四、推广应用繁殖新技术

大力推广应用冷冻精液人工授精技术，提高优秀种公牛的利用效率。尤其进一步提高牛冷冻精液的受胎率。在提高良种母牛繁殖利用效率的新技术方面，主要有超数排卵和胚胎移植技术（MOET 技术）、卵母细胞体外成熟及体外受精技术、性别控制技术等。这些技术研究已经取得显著成果，并在一定范围得到推广应用。尤其胚胎移植技术目前进展较快，已经进入产业化阶段。但由于这些技术比常规技术成本高，要求条件高，推广应用范围受到一定限制。所以应用繁殖新技术最好与育种技术结合起来，即应用这些新技术培育良种核心群，提高优秀种公、母牛繁殖效率，以提高奶牛生产的经济效益，从而才能进一步推动这些繁殖新技术的推广应用。

五、控制繁殖疾病

母牛繁殖疾病主要有卵巢疾病、生殖道疾病、产科疾病三大类。卵巢疾病主要通过影响发情排卵而影响受配率和配种受胎率，某些疾病还可以引起胚胎死亡或并发产科疾病；生殖道疾病主要影响胚胎的发育与成活，其中一些还可以引起卵巢疾病；产科疾病轻则诱发生殖道疾病和卵巢疾病，重则引起母牛的犊牛死亡。因此，控制母牛繁殖疾病，对于提高奶牛繁殖力具有重要意义。

第八章 奶牛现代繁殖技术简介

第一节 奶牛胚胎移植技术

胚胎移植（Embryo Transfer，ET）又称受精卵移植，是指将一头良种母畜配种后的早期胚胎取出，或者由体外受精及其他方式获得的胚胎，移植给另外一头或数头同种、生理状态相同的母畜体内，使之继续发育成为新个体。通俗地说，胚胎移植就是"借腹怀胎"。为了使供体母畜多排卵，通常要用促性腺激素处理，促使几个、十几个甚至更多的卵泡发育并排卵，此处理过程称为超数排卵。因此国外将常规的胚胎移植称为MOET，即超数排卵胚胎移植或称为多排卵胚胎移植。

奶牛胚胎移植技术需要一系列相关配套技术支持，包括供体母畜的选择，超数排卵处理、胚胎的采集和胚胎形态学鉴定，胚胎的（冷冻）保存和培养、受体母畜的选择、同期发情、胚胎移植等。这项技术环节多，时间性强，对技术操作和组织工作要求较高。

一、供体的选择

供体选择的首要条件是其遗传学价值，即种畜的生产性能，胚胎移植只能用来扩大具有特殊生产能力的种畜。在选择供体时，必须确保其健康状况，要进行传染病的检疫和预防注射以及体内外寄生虫的驱虫工作。还要对生殖器官进行系统检查，以确定无生殖疾病等。供体要有一胎以上的正常繁殖史，除非特殊需要选择已充分发育成熟的后备母畜作供体外，一般情况下不宜用青年后备母畜作供体。但是，近年来随着超排方法的不断改进，应用处女青年母牛作为供体冲卵效果前景看好。

二、同期发情

同期发情是指应用外源激素及其类似物对母畜进行处理，从而诱导母畜群体集中在一定时间内发情并排卵的方法。它是人为的干预母畜的生殖生理过程，将发情周期进行控制并调整到相同的阶段，使配种、幼畜的产出、育肥等过程一致，以便于生产的组织与管理，提高畜群的发情率和繁殖率。同期发情技术有利于人工授精技术的推广，同时它又是胚胎移植技术的重要环节。

同期发情常采用两种途径：一是采用孕激素抑制母畜发情，人为地延长黄体期，起到延长发情周期、推迟发情期的作用。二是应用前列腺素 $PGF_{2\alpha}$ 加速黄体退化，使母畜缩短发情周期，从而达到母畜同期发情的目的。

三、超数排卵

超数排卵是指在母畜发情周期的适当时期，注射外源性促性腺激素，诱导母畜卵巢有较多的卵泡发育并排卵的方法，简称超排。超排是进行胚胎移植时，对供体母畜必须进行的处理，其目的为了得到较多的胚胎。超数排卵药物及处理方法如下。

（1）PMSG。随着 PMSG 的剂量增大，卵巢的反应也会增强，发情提前。但激素剂量过大，超排效果不稳定，不但不能增加排卵数，反而容易引起卵巢肿。由于 PMSG 在体内半衰期较长（约 40 小时），一般使用时，作一次肌内注射。为了防止卵巢上卵泡持续发育，在配种同时注射等剂量的抗 PMSG。

（2）高纯度 FSH。Folltropin－v（加拿大生产）、Ovagen（新西兰生产）、中科院动物所生产的 FSH 等。在体内半衰期短，注射后在较短时间内便失去活性。因此，使用时需作分次注射。另外，FSH 的注射剂量是由多到少的递减过程或等量注射。一般 1 天 2 次，间隔 12 小时，连续处理 4～5 天。

（3）$PGF_{2\alpha}$ 在超排处理中常作为配合药物使用，不仅能使黄体提早消退，而且能提高超排效果。

四、胚胎采集及检验

1. 非手术法胚胎采集

胚胎采集或回收也称采卵，就是把胚胎或受精卵从供体的生殖道（子宫角）中冲洗出来，提供移植或其他胚胎工程应用。牛通常采用非手术法采卵。牛站立发情后 20～24 小时开始排卵（22±2）小时。如果有精液存在，卵子将在输卵管上 1/3 处受精。受精卵向子宫方向下移，需要 4.5～5 天时间通过输卵管，穿过子宫输卵管结合部的括约肌开口处而进入子宫角。这个括约肌结构很独特，胚胎在第 4～5 天时开放的，而在第 6 天时却关闭了，使冲卵时液体能够回收到胚胎。否则，这个开口关闭不紧的话，胚胎就会被冲回到输卵管而进入腹腔。

2. 胚胎形态学鉴定

卵子受精以后随着日龄的增加，处于不同的发育阶段，所以评定胚胎质量要考虑到胚龄。胚胎的正常发育阶段应与胚龄相一致，凡胚胎的形态鉴别认为迟于正常发育阶段一天的，一般质量欠佳。

3. 胚胎洗涤

研究人员已经研制开发出从胚胎透明带除去病原微生物的程序。世界卫生组织的国际动物流行病学办公室将这些微生物分成 1～4 类。其中第一类是那些存在于透明带上，可以通过国际胚胎移植学会（IETS）推荐的冲洗方法从胚胎表面有效地清除掉的病原微生物，例如布氏杆菌、牛白血病病毒、口蹄疫病毒、蓝舌病病毒、牛传染性鼻气管炎病毒、水疱性口膜炎病毒等。疱疹性病毒如牛传染性鼻气管炎病毒和水疱性口膜炎病毒是镶嵌在透明带的外层，除非加入胰蛋白酶否则不能清除这些病毒。如果没有这类病毒存在，用 IETS 推荐的洗涤程序就足够了。在许多国家进口胚胎方案中，都需要胰蛋白酶洗涤胚胎。

五、胚胎冷冻保存及解冻技术

目前，使用的设备从昂贵的计算机控制的设备到实用、耐久和廉价的现场使用的设备。无论使用何种设备，冷冻程序和降温曲线是相近的。

（一）胚胎冷冻

（1）甘油冷冻法。多年来用甘油作为牛胚胎冷冻保护剂，使用的浓度为 1.4 摩尔/升（或占容量的 10%）。一步法冷冻是将胚胎放入 1.4 摩尔/升（10%）甘油中停留 10 分钟。胚胎在甘油液中平衡 10 分钟后，应立即降温以减少对胚胎的毒性。

（2）乙二醇（Ethylene Glycol）冷冻胚胎直接移植法。目前最流行的冷冻方法为直接移植细管法，该法取消了解冻时所需的显微镜。程序与上述的甘油法冷冻程序相似，使用的仪器相同程序：①胚胎放入 1.5 摩尔/升乙二醇溶液中，停留 10 分钟中后，装入 0.25 毫升塑料细管。②胚胎放入到 -6℃ 冷冻仪中，平衡 5 分钟后植冰。③ -6℃植冰后保持 5 ~ 10 分钟，然后以 0.5 ~ 0.9℃/分钟的速率下降。④在 -35 ~ -32℃时，把细管投入液氮中。

（3）玻璃化法冷冻胚胎。利用高浓度冷冻保护剂快速冷冻，结果形成"玻璃"而不是冰晶。

（二）胚胎解冻

移植解冻时要控制胚胎再次脱水。原则上，细胞快速冷冻必须快速解冻，慢速冷冻必须慢速解冻。

影响解冻速率的因素有容器大小（0.25 毫升或 0.5 毫升）、容器材料（塑料或玻璃）、形状（安瓶或细管），有无乙醇隔绝容器冷冻，解冻过程中周围环境温度（空气、冰水、温水）。已证明室内空气解冻防止透明带破损。有人用空气解冻 6 秒，而后放在 32 ~ 34℃温水浴中直到冰晶消失。

六、受体牛的选择及胚胎移植技术

（一）受体的选择

受体母牛选择遗传品质差的土种牛或低代改良的杂种牛或低产奶牛。要求体格较大，膘度适中，无疾病的健康牛，并有正常的发情周期，生殖系统无疾患。青年牛需 16 ~ 18 个月龄（或体重达到 370 千克），成母牛 2 ~ 3 胎以内，经产牛产后子宫复原好，繁殖系统正常。移植前要正确的观察发情，做好记录。受体牛发情天数与供体牛前后不超过 1 天。受体群的饲养管理和供体牛同样对待，给予清洁的饮水和足够的草料，保持中等营养水平，牛舍环境要舒适。

（二）受体同期发情处理

受体发情时间尽可能接近于供体发情时间。受体与供体发情时间相同的称为 7 天受体。受体比供体发情早 24 小时的称为 8 天发情，比供体发情晚一天的称为 6 天发情，6～8 天发情的受体最佳。偶尔使用 9 天甚至 5 天发情的受体。美国胚胎移植协会资料（2002 年）鲜胚和冻胚移植（700 例）受胎率结果如下：8 天 44%，7.5 天 58%，7 天 64%，6.5 天 57%，6 天 57%，5.5 天 41%。

（三）非手术法移植技术

牛的非手术胚胎移植，使用特殊的移植枪，按着直肠把握法将胚胎送到有黄体一侧的子宫角内。使牛的非手术法胚胎移植得到普遍应用。

（1）器械。目前多采用进口不锈钢移植枪，使用前需高压消毒，灭菌硬塑料套管、塑料软外套、胚胎细管剪、温度计等。

（2）受体牛的准备。根据发情记录，确定与供体母牛或胚龄同期的受体，移植前用利多卡因硬膜外麻醉，并做直肠检查，确定排卵侧和黄体发育情况，发情 6～8 天的母牛一般黄体基部直径应大于 1.5 厘米，移植前对外阴部彻底清洗消毒。

（3）胚胎的准备。根据受体牛的发情天数选择胚胎的发育阶段，一般将致密桑葚胚、早期囊胚和囊胚，分别移植给发情 6～8 天的受体母牛。

（4）移植操作。分开外阴，插入移植器，至子宫颈外口，另一只手通过直肠找到子宫颈，移植管顶开塑料软外套，进入子宫颈。缓慢地将移卵管送达子宫角大弯或大弯深处，在移卵管前留下富余的间隔，并用在直肠的手托起子宫角内的移卵管，使其处于子宫角部，慢慢推入钢芯，然后慢慢地抽出移卵管。

第二节　程序化人工授精技术

程序化人工授精技术（Program Artificial Insemination）就是利用 $PGF_{2\alpha}$、GnRH、P、E、CIDR 等几种外源性激素或类似物制剂，按照既定程序进行处理，使母牛在发情同期化的同时也排卵同期化，并能够定时人工授精的技术。其主要优点是：不需要借助发情检测就可输精；提高奶牛的受胎率，缩短产犊间隔；不但适用于奶牛的繁殖管理，而且适用于乏情或排卵异常母牛的治疗；可随意调节奶牛的配种时间。

一、程序化人工授精机理

程序化人工授精技术，是建立在缩短或延长黄体期的基础上，通过人工控制母牛卵巢波和同期排卵时间来实现的。根据所用药物和作用机理不同总体的可分为以下几种。

1. 应用 $PGF_{2\alpha}$ 缩短黄体法

母牛黄体期在发情周期中黄体期一般占发情周期的大部分时间。而黄体对前列腺素有反应的时间为发情周期的第 5～16 天。因此在同一时间内，大群母牛同时注射 PGF，可使母牛群中大多数（理论值 12/21 近 60%）达到同期发情。实际数值要高于 60%，约 67%。

2. 应用孕激素延长黄体法

孕激素能使卵巢上的卵泡发育和母牛发情持续给母牛提供孕激素，这样即使母牛黄体退化后也不能发情同时撤除孕激素后，由于大部分母牛卵巢上已没有黄体，所以抑制被解除后，牛群同时卵泡发育和发情，从而达到同期发情的效果。

此外，最近又研究出了在缩短或延长黄体的基础上人工控制卵巢上的卵泡发育波的方法。

二、所需药物

1. 前列腺素 $F_{2\alpha}$（Prostanglandin $F_{2\alpha}$，$PGF_{2\alpha}$）

$PGF_{2\alpha}$ 最重要的作用是溶解卵巢上的黄体，从而使奶牛发情。不过，在发情周期 1～5 日使用 $PGF_{2\alpha}$ 不会奏效。

2. 促性腺释放激素（Gonadotrophin Releasing Hormone，Gn-RH）

GnRH 可以使奶牛垂体前叶释放促黄体素（Luteinizing hormone，LH）和催卵泡素（Follicle – stimulating hormone，FSH），从而使卵巢上的成熟卵泡排卵，也能使卵巢上的未发育卵泡继续发育。

3. 长效孕酮（Controlled Internal Drug Releasing Device，CI-DR）

三、应用 $PGF_{2\alpha}$ 程序化人工授精方法

1. $PGF_{2\alpha}$ + $PGF_{2\alpha}$ 法

空怀母牛用 $PGF_{2\alpha}$ 或其类似物（国产氯前列烯醇）处理后，间隔 11 天再处理一次，发情后间隔 12～16 小时人工授精。为了提高受胎率，间隔 12 小时进行第二次输精。

2. GnRH + $PGF_{2\alpha}$ 法

先用 GnRH 处理，间隔 7d 再用 $PGF_{2\alpha}$ 处理一次，观察到发情后对母牛进行输精。

3. OvSynch 法

OvSynch 定时配种程序由 Pursley、Mee 和 Wiltbank 三位著名的奶牛繁殖专家于 1995 年发明（Pursley et al.，1995），现已广泛地应用在奶牛繁殖实践中。它是在 GnRH + $PGF_{2\alpha}$ 处理

的基础上，间隔 30 ~ 48h 追加一次 GnRH 处理，并在处理结束后 16 ~ 20 小时进行定时人工授精的方法。这种即使没有发现发情也能准确的进行人工授精、而且有提高受胎率的方法，是程序化人工授精的新方法，见下图。

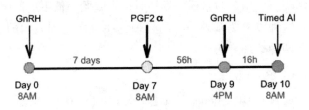

图　Ovsynch 定时配种程序

注意事项：①严格按时注射，确保激素的质量和注射效果，预计有 85% 的奶牛会同期发情。②第 7 天打完 PG 之后，间隔 56 个小时再打第二针 GnRH 的效果优于间隔 48 个小时。③在第 0 ~ 7 天如果发情，适时配种，停止后面的程序。④注射第二针 GnRH 之后 16 ~ 18 小时，所有的待配牛必须进行定时配种——不管是否有发情征兆。⑤整个处理期间，结合涂蜡笔法进行发情鉴定。⑥在热应激时期等非繁殖季节，使用本程序效果可取得更好的繁殖成绩。

4. 改良的同期排卵（律胎素）定时配种

奶牛产后（39 天）起动用律胎素 1 ，间隔 14 天，（53 天）起动用律胎素 2，间隔 14 天，（65 天）促性腺激素释放激素，间隔 7 天，72 天，配种用律胎素间隔 2 天，74 天促性腺激素释放激素过 16 ~ 18 小时 75 天配种。

四、应用孕激素延长黄体法

用外源性的孕激素进行处理，使血中孕激素水平上升，造成人为黄体期，作用一段时间后终止其作用，就能造成与黄体退化相同的生理变化，从而诱发发情。但是，过去应用孕激素制剂（CIDR，PRID，Synchr0 - Mate - B）诱导母牛发情，同期发情效果好、但受胎率低，已少有应用。

随着近年来"牛卵巢上存在着卵泡发育波"这一生理现象的阐明，应用孕激素诱导发情时母牛受胎率低下的原因也渐清楚。这种以 P 为基础药物的处理程序再次受到人们的重视。主要有两种处理方法。

1. CIDR + EB 法

在放置 CIDR 的同时，肌注一次 EB（或在 CIDR 栓内放有少量 EB 制剂），8～10 天后撤去 CIDR，观察到发情后进行人工授精。

2. CIDR + PGF$_{2\alpha}$ + EB 法

即用 CIDR 处理 7～8 天，除去 CIDR 时追加一次 PGF$_{2\alpha}$处理，再间隔 24 天注射少量 EB，于处理后 24 小时进行定时人工授精。

第三节　性别控制技术

性别控制（Sex Control）是通过人为干预使雌性动物按人们的愿望繁殖所需要性别后代的技术。性别控制技术在奶业生产中意义重大。首先，通过控制后代的性别比例，可充分发挥受性别限制的生产性状（如泌乳）和受性别影响的生产性状（如生长速度、肉质等）的最大经济效益。其次，控制后代的性别比例可增加选种强度，加快育种进程。通过控制胚胎性别还可克服奶牛胚胎移植中出现的异性孪生不育现象，排除伴性有害基因的危害。

奶牛的性别控制主要从两个方面进行研究，即受精前的性别鉴定和早期胚胎性别鉴定，前者主要指分离 X、Y 精子，在受精时便决定了性别；后者是通过鉴定胚胎的性别，移植所需性别的胚胎。

一、X、Y 精子的分离

目前，X 和 Y 精子较准确的分离方法是流式细胞器分类法，它的理论根据是两类精子头部 DNA 含量的差异，即大小不同、形态不同、耐碱性不同、运动能力不同。具体方法是：先用 DNA 特异性染料对精子进行活体染色，然后精子连同少量稀释液逐个通过激光束，探测器可探测精子的发光强度并把不同强弱的光信号传递给计算机，计算机指令液滴充电器使发光强度高的液滴带正电，弱的带负电，然后带电液滴通过高压电场，不同电荷的液滴在电场中被分离，进入两个不同的收集管，正电荷收集管为 X 精子，负电荷收集管为 Y 精子。用分离后的精子进行人工授精或体外受精对受精卵和后代的性别进行控制。这种方法已用于商品化分离 X 和 Y 精子，分离的准确率达 90% 以上，每小时的分离速度为 $(3 \sim 4) \times 10^6$ 个精子，用收集后的 X 或 Y 精子与卵子受精 90% 以上胚胎发育雌性或雄性后代。美国已有专门公司研制出流式细胞分离器，分离和出售牛的 X 和 Y 精子。

二、早期胚胎的性别鉴定

（1）细胞学鉴定方法。核型分析或染色体分析，通过查明组成胚胎性染色体的类型进行性别鉴定。若是 XX 型，胚胎为雌性，若为 XY 型，胚胎则为雄性。

（2）免疫学鉴定方法。主要为 H - Y 抗原法，早期胚胎细胞表面具有雄性特异的组织相容性膜抗原（H - Y）抗原。通过用小鼠免疫制作的 H - Y 抗体与胚胎反应，然后用带有异硫氰酸荧光素的第二抗本标记的间接免疫荧光法，进行胚胎性别鉴定，在荧光显微镜下观察，胚胎出现光斑，为 H‒Y 阳性，胚胎为雄性，无荧光斑或均匀荧光为背景者为 H‒Y 阴性，胚胎为雌性。

（3）分子生物学鉴定方法。应用 PCR 技术扩增胚胎细胞 Y 染色体上特有的 DNA 序列。首先依据雄性特异片段 DNA 序列两端合成一对引物，以胚胎 DNA 序列为模板，在 Taq DNA 聚合酶的存在下，进行 DNA 合成，扩增靶序至 10^6 倍以上，然后将扩增后产物经电泳，在紫外灯下，观察是否出现特异 Y 染色 DAN 扩增带，出现者为雄性胚胎，否则为雌性胚胎。

第四节　体外受精技术

体外受精（In Vitro Fertilization，IVF）是动物胚胎工程的一项重要技术，它是指通过人为操作使精子在和卵子在体外合适环境条件下完成受精过程。用采集的供体家畜的精子与卵子在试管中进行受精，并培育成胚胎，再移植到受体母畜体内进行继续发育，生产出叫作"试管仔畜"的技术。奶牛的体外受精是指精子和卵子在体外人为控制的实验室条件下完成受精的技术，也是奶牛胚胎生产的方式之一，以这种方式得到的胚胎叫体外胚胎。

一、体外受精的方法

目前，进行体外受精的卵子（卵母细胞）有两种获取方法。

（1）屠宰场刚屠宰的母牛体内摘取卵巢，以一定的方法处理后，从卵巢上收集卵母细胞，要求卵泡直径为 3～10 毫米。然后将这些卵母细胞在二氧化碳培养箱内培养成熟，再与经获能处理的公牛精子放在一起完成受精，继而把受精卵培养至囊胚阶段进行移植或冷冻保存。从废弃的卵巢中采集卵母细胞生产胚胎的方式，材料来源丰富，生产成本低，便于工厂化操作，可做到成批生产的目的。存在问题是母牛的来源及系谱无法确定；其次，这类胚胎移植的受胎率低，应用时应慎重考虑。

（2）从活体母牛卵巢直接收集卵母细胞。这种方法要借助超声波探测仪、内窥镜或腹腔镜等仪器开展。应用活体采集卵母细胞的仪器，对良种优秀母畜活体采集卵母细胞，然后进行体外受精，以获得胚胎的技术。将活体采集的卵母细胞进行体外成熟培养，再将获能的精子与成熟卵子置于受精液中共同培养，使之完成受精过程，受精卵在体外共同培养系统或条件培养液中，进行体外发育培养至胚胎。

二、体外受精技术优点

（1）通过卵母细胞的体外培养成熟，可以利用卵巢内大量的潜在性卵子，比体内受精系统能够利用的卵子要多得多。据 Thibault 等（1976）报道，商品犊牛在屠宰前用激素处理，一次可有 20～50 个卵泡发育（可获 20～50 个卵母细胞），因而可充分挖掘优良奶牛的生育潜力，这种办法将对商品奶牛生产发生巨大的影响。这是体外受精研究领域的主要生产意义。

（2）通过体外受精可治疗不孕症，如克服公畜的少精（需排除遗传疾病）和母畜由于输卵管阻塞而造成的不孕。如为高产母畜，仍可获得高产后代。

（3）利用体外受精技术，可评定家畜精子的质量，了解精子不育的隐患。

（4）通过体外受精程序，研究受精的生物学现象，因而具有重要的科学价值。如将这项技术与其他有关技术相结合。它的意义将会更加扩大。

三、体外受精技术应用实例

性控胚胎有体内受精胚胎和体外受精胚胎两种。一般移植受胎率约45%、母犊率97%以上。目前，每枚体内受精胚胎价格约2 000元，体外受精胚胎价格800元左右。应用体内受精性控胚胎繁殖一头母犊的成本（胚胎费用和服务费用）4 500元左右，应用体外受精性控胚胎繁殖一头母犊的成本2 000元左右。

一般情况下，应用人工授精技术改良奶牛，产奶量提高2 000千克，需要13年以上，使用国产冻精累计投资在1 300元以上，使用国外冻精在2 500元以上。美国等奶业发达国家奶牛生产性能遗传水平很高，成母牛年均单产9 000千克以上。引进美国高产奶牛性控胚胎，扩繁高产奶牛核心群，繁殖后代生产水平与宁夏奶牛平均单产水平相比，可提高2 000千克以上，且一步到位。目前，黑龙江省飞鹤乳业、山东省澳亚牧场等企业以奶牛为受体，甘肃省武威市散养农户以黄牛为受体，应用体外性控胚胎移植技术扩繁高产奶牛均取得了成功。因此，应用体外性控胚胎移植技术，是快速扩大高产奶牛群数量、培育具有国内领先水平的高产种子母牛的有效途径。

第九章　良种犊牛的培育

随着奶牛养殖规模化、标准化发展，后备牛的培育得到牛场管理者的高度重视，系统的、科学的后备牛培育已成为是育种工作的重要基础。培育的目的是使奶牛群中原有的优良特性得到巩固和提高，不良的缺点或缺陷逐步地被淘汰或替代，从而培育出生产性能高、具有优良共性、生活力强、饲料报酬高、使用年限长的高产奶牛群，使得奶牛业获得最大的经济效益。后备牛要经历迅速增长、性成熟、初配、初孕等不同阶段，是完成生长发育的最重要阶段。这个阶段饲养的正确与否，对成年牛的体形结构、初次配种年龄以及初胎和终生产奶性能都具有重要影响。后备牛的饲养关系到一个奶牛场的未来，也关系着一个奶牛场是否后继有牛（符合品种标准奶牛）的大问题。因此，加强良种犊牛的培育是确保奶牛群后代稳定发展的关键。

第一节　后备牛生长发育特点

根据后备牛在各阶段的生理特点及其营养需要，一般可划分为犊牛期（初生至 6 月龄）、育成期（6～18 月龄）和青年期（18 月龄至第一胎分娩）3 个年龄组。

一、体重增长变化

在正常的饲养条件下，犊牛体重增长迅速。犊牛初生重占成母牛体重的 7%～8%，3 月龄时达成牛体重 20%，6 月龄达30%，12 月龄达 50%，18 月龄达 75%。5 岁时生长结束。由此可以看出，3～12 月龄的犊牛和育成牛体重增长最快，18 月龄至 5 岁时体重增长较慢，仅增长 25% 左右。

二、体型生长发育

初生犊牛与成年牛的体型，在体型的相对发育上，有明显的不同。初生犊牛和成年牛相比，显得头大、体高、四肢长，尤其后肢更长。据测定，新出生的犊牛体高为成牛的 56%，后高为 57%，腿长为 63%。而成年牛体型则显得长、宽、深。实践表明，母牛妊娠期饲养不佳，胎儿发育受阻，初生犊牛体高普遍矮小；出生后犊牛体长、体深发育较快，如发现有成年牛体躯浅、短、窄和腿长者，则表示哺乳期、育成期犊牛、育成牛发育受阻。所以犊牛和育成牛宽度是检验其健康和生长发育是否正常的重要指标。在正常饲养条件下，6 月龄以内黑白花奶牛平均日增重为 500～800 克；6～12 月龄黑白花育成母牛，每月平均增高 1.89 厘米，12～18 月龄平均增长 1.93 厘米，18～30 月龄（即第一胎产犊前）平均每月增高 0.74 厘米。

三、消化系统的生长发育

犊牛的消化特点，与成年牛有明显不同。新出生的犊牛真胃相对容积较大，约占四个胃总容积的 70%，瘤胃、网胃和瓣胃的容积都很小，仅占 30%，并且它们的机能也不发达。3 周龄以后的犊牛，瘤胃发育迅速，比出生时增长 3～4 倍，3～6 月龄又增长 1～2 倍，6～12 月龄又增长 1 倍。满 12 个月龄的育成牛瘤胃与全胃容积之比，已基本上接近成母牛。瘤胃发育迅速，对犊牛、育成牛的饲养具有特殊的意义。为了检验育成牛消化器官发育状况，通常的方法是测量育成牛的腹围。腹围越大，表示消化器官越发达，采食粗饲料能力也越强。高产奶牛必须具有很强的采食粗饲料干物质能力。后备牛的培育方案应根据以上规律和要求进行制定并严格检查执行。

第二节　犊牛的培育

犊牛一般是指从初生到 6 月龄的牛。刚出生的小牛消化系统还没有发育完全，但是出生后几个月内小牛消化系统会发生急剧变化过程。刚出生的小牛消化系统功能和单胃动物一样，真胃是小牛唯一发育完全并具有功能的胃。所以出生后几天内小牛仅能食用初乳和牛奶。只要小牛的日粮组成成分主要是牛奶，小牛就不会开始反刍，牛奶主要是由真胃产生的酸和酶消化，而瘤胃并没有开始发育。然而，随着小母牛的生长，采食谷物和纤维性饲料逐渐增加，瘤胃内细菌群系也逐渐建立起来。由于发酵产生的酸刺激瘤胃壁的生长，慢慢地瘤胃发育成能够发酵和和消化蛋白质的主要器官。当小牛开始反刍就意味着瘤胃已具有正常功能。

一、新生犊牛的护理

（一）清除黏液

犊牛出生后立即用清洁的毛巾擦净鼻腔、口腔及其周围的黏液。对于倒生的犊牛发现已经停止呼吸，则应尽快两人合作，将犊牛倒抱起来，拍打胸部、脊部，以便把吸到气管里的胎水咳出，使其恢复正常。

（二）脐带消毒

犊牛正常呼吸后，距腹部 8～10 厘米处剪断脐带（最好用手按位置撕断），消毒用 7% 碘酊浸泡断端脐带 15 秒，结扎。

出生后 12 小时再次浸泡脐带，保持干燥。待被毛干燥后称重，并记录初生重，编写牛号，记录系谱，出生日期，外貌特征等，有条件时拍照记录外貌特征。犊牛出生后立即与母牛分开。饲养于干燥，避风，洁净的单栏犊牛舍内。

（三）注意保温

冬季犊牛出生时体温 39.4～40℃，以后 1 个小时稳定在 38.6℃，由于冬天气温低，将其置于人工热源下，或盖上毛毯或披上犊牛外套。垫草每天更换一次，保持干燥，卫生。犊牛移出栏时，彻底消毒牛栏，保证 7～10 天空置期。

二、犊牛的饲喂

（一）初乳的饲喂

初乳是母牛产后最初分泌的乳。初乳富含免疫球蛋白（即抗体或称免疫球蛋白的牛奶）。此外，初乳比过渡奶和全奶含有更高的脂肪、蛋白质、矿物质和维生素。脂肪是初乳中主要的能量来源，初乳中的乳粉含量相对全奶要低，因而会减少腹泻的发生率。初乳中富含维生素 A、维生素 D、维生素 E，因为这类维生素在新生小牛体内的贮存量极为有限，故初乳中的这些维生素对小牛健康非常重要。

犊牛出生时自身的免疫机制发育还不够完善，对疾病的抵抗力较差。主要靠母牛初乳中的抗体和免疫球蛋白来抵御疾病的侵袭。出生后应很快喂给初乳，小牛就会获得被动免疫力。"被动免疫力"一词主要是指新生犊牛的免疫系统，还不能有效地合成抗体，抗体只能通过初乳提供。

尽早饮食初乳是防止小牛感染许多传染病的关键步骤。小牛在出生后第一天从初乳中吸取的抗体是未来 4～6 周龄唯一能够抗感染的武器。随着小牛不断接触环境中的感染源，抗体不断被消耗，被动免疫也逐渐失去功能。然而出生后 4～6 周，小牛的主动免疫系统开始逐渐建立并具有保护功能。

如果初乳喂服不及时或量小，被动免疫系统失败会使生产性能降低，还会推迟首次产犊的时间；平均日增重降低，直到初生后 180 天；降低第一泌乳期的产量和乳脂含量。

（二）初乳的质量

（1）眼观。高浓稠性，乳黄色泽。

（2）带血乳。乳房炎牛的初乳不能用；头胎或五胎以上的经产牛的初乳不能用；产前漏奶或产犊前挤奶的牛初乳不能用；干奶期超过 90 天或少于 45 天的初乳也不合格。

（三）饲喂方法

时间和数量：出生后半小时内立刻进行强制灌服初乳 4 千克，让犊牛静止不动 2 小时以上，出生后 12 小时内再喂 2 千克。初生犊牛对初乳的吸收速率以出生后 0～6 小时为最高，其后逐渐降低。

给新生犊牛饲喂初乳的方法有以下几种。

（1）从母体自然吸吮。

（2）使用奶瓶饲喂或将牛奶挤入奶桶中饲喂。

（3）使用食管饲喂器饲喂。自然吸吮，让新生小牛自己从母体吸吮初乳常常会造成初乳吸取量不足，或延迟吸吮初乳。因此即使小牛出生后会和母牛在一起几个小时，人工挤出初乳并帮助饲喂要比自然吸吮效果好。自然吸吮造成初乳摄入量不足的原因是：①小牛可能太虚弱因而不能吸取足够的初乳。② 无法掌握犊牛到底吸取了多少初乳。③母牛乳房位置可能使小牛吸奶有困难。④有些母牛可能不肯让小牛吸吮。

自然吸吮的另一个缺点是环境中的病原体有可能通过吸吮传染给小牛。若母牛乳房没有清洗干净，小牛自然吸吮很可能会增加小牛患病的危险。因此使用小牛自然吸吮初乳一定要保证母牛乳头清洗干净。

奶瓶饲喂：与自然吸吮相比，使用带有奶嘴的奶瓶饲喂初乳能够更好的控制喂量。这种方法很容易调教，因为小牛天生头向上吸吮奶头。每次饲喂后奶瓶以及所有用具都必须彻底清洗干净，从而最大限度地减少细菌的生长和病原菌的传播。

食道导管强饲：有些小牛体弱，小牛不能自己吸吮初乳，可以采用食道管强饲。虽然这种做法是为了小牛成活，然而若操作不当反而会造成小牛受伤或死亡。这种饲喂须在兽医指导下进行。

（四）初乳温度

饲喂时初乳温度应当加热到小牛体温水平 39℃，因此初乳饲喂前必须用水浴锅加热，剩下的初乳应当装入有盖的容器中保存在 4℃ 冰箱内。

（五）冷冻和解冻初乳

可以冷冻初乳温度以便长期保存并避免免疫价值的损失。冷冻初乳可以保证饲养场随时都有高质量的初乳可供使用。初乳应当以 1.5~2 千克为单位储存，即二单位正好用于第一次饲喂。解冻初乳时，可将水浴锅的温度调至 45~50℃，饲喂前再将温度调整到体温水平 39℃。如果袋装初乳的密封袋完全不透水，可以将整袋初乳放进水浴锅中加热解冻。加热解冻初乳一定格外小心，避免温度过高，导致破坏初乳中的抗体或是烫伤小牛。

（六）犊牛颗粒料的饲喂

犊牛颗粒料应具有的特点如下。

（1）优质的犊牛料适口性好，营养全价，易消化，充足的蛋白质和能量，适当的瘤胃发酵，能替代较多的乳或奶粉，犊牛料的采食能产生挥发性脂肪酸，促进瘤胃和瘤胃上皮细胞发育。

（2）含有丰富的可消化有效纤维，刺激瘤胃网胃上皮乳头的快速生长。

（3）优质蛋白原料构成合理。利用率高，完全满足犊牛快速生长需要。

（4）添加调节瘤胃微生物生长发育的酵母代谢产物，有利于微生物区系建立减少下痢。

（5）添加充分的矿物质，维生素和微量元素，提高犊牛的免疫力和抗病力。

（6）添加抗球虫药物。可以提高饲料转化率。

（7）能使犊牛早期断奶，减少断奶应激的发生。其方法如下。

① 犊牛出生后第四天开始训练采食颗粒料。喂奶后人工向牛嘴填喂极少颗粒料；或者在奶桶内放入少量颗粒料引导开食，诱食也可以采用开食料饲喂瓶。② 根据犊牛采食量增大情况逐渐增加供给量，基本每天保证 24 小时犊牛可以采食到颗粒料。③ 料桶高度 30～40 厘米。④ 每天饲喂前清理剩余开食料，记录剩料量，给料量。⑤ 争取在 30 日龄开食料达到 350～450 克/头/天。⑥ 45 日龄后逐渐降低全乳饲喂量，促进开食料采食。⑦ 犊牛连续 3 天开食料采食量达到 0.7～1 千克后，即可断奶。⑧ 从补饲颗粒料那天起，就要保证洁净水的供应。

（七）饮水

（1）保证犊牛充分的饮水。水是犊牛需要量最多的最基本的营养成分，因为水可以提供瘤胃微生物的液体环境；犊牛的体重 70% 是水，限制水的供应就是限制干物质的采食量；饮水是干物质采食量的 4 倍。

（2）除了喂奶后要加的饮水外，还要设水槽供给清洁的饮水。

（3）水和犊牛料的容器要分开，否则刚喝完水的犊牛嘴特别湿直接去采食颗粒料会把料弄湿，这样会造成新鲜度差，夏季天气炎热还有可能使料发霉变质。

（4）寒冷天气添加温水，水温不低于15℃。

（5）犊牛每天饮水量应该在2.5千克左右。

（八）干草的饲喂

离乳前不喂草。因犊牛瘤胃尚未发育完全，瘤胃微生物种群尚未建立；干草体积大，消化率低，胃肠道充满减少犊牛颗粒料的摄取量，减缓瘤胃发育。只有优质的谷物饲料才能促使瘤胃发育。

（九）代乳料的饲喂

根据现代化奶牛养殖业的发展，代乳粉在广大养殖户的应用越来越广泛，因为代乳粉使用方便，能控制母牛直接由牛奶传染给胎儿的疾病，如大肠杆菌、布氏杆菌病、沙门氏菌病、衣原体等。那么采用犊牛代乳粉的决策过程中必须考虑如下几个因素。

（1）饲喂方式。犊牛单独饲喂与混合饲喂。单栏饲喂即有利于犊牛健康，也方便管理和代乳粉的使用。可以避免犊牛因过度拥挤造成的体弱，犊牛采食不良。强壮犊牛采食过量造成的生长发育不均衡问题；还可以降低竞争性采食造成的食管沟闭合不全引起的瘤胃异常发酵引起新生犊牛腹泻等问题；同时，为某些特色的奶品应用和试验检查提供方便，因此建议在单栏饲养犊牛中采用此项技术，至少要在哺乳期做到单栏饲养。

（2）代乳粉的质量。代乳粉的质量取决于以下几个方面：

营养含量、原料来源、可溶性和分散性、保健性、安全性和适口性。

蛋白质是机体和组织发育所需要的营养物质，所以要求代乳粉中的蛋白含量一定要充足，而且蛋白质量要高，这样才能保证犊牛的体组织充分发育，在以后的泌乳期表现出最佳的生产性能。

脂肪除能提供犊快速生长的能量外，还可以降低腹泻的发生率，使毛皮发亮，降低应激反应等作用。提高增重，改善体况，减少腹泻。

代乳粉最好的碳水化合物来源是乳糖。代乳粉中不能含有太多的淀粉如小麦粉和燕麦粉，也不能含有太多的蔗糖。由于犊牛不能分泌足够多的消化酶去分解和消化它们，所以太多的淀粉和蔗糖会导致腹泻。另外维生素和微量元素也是犊牛所必需的，因为犊牛功能不完善，瘤胃微生物不能合成所需的多种维生素。

优质的代乳粉要有很好的可溶性和分散性，犊牛哺乳期间要以消化液体饲料为主，奶和代乳粉通常通过食道沟直接进入真胃，如同单胃动物一样消化各种营养物质，但是哺乳早期犊牛自身体内的消化酶分泌量和种类都不足，不能消化过多的不溶成分，因此代乳粉原料的可溶性直接决定着其消化利用率。

由于犊牛抵抗力弱，自身免疫系统发育不完善，对疾病的抵抗力主要依靠初乳所提供的抗体来维持。代乳粉原料的选择加工包装和发运过程必须符合食品级卫生要求，防止原料和成品的杂菌污染，这是引发细菌性腹泻的根源。

适口性取决于原料的选择和配比，不能为了降低成本而不顾产品的适口性，这会直接影响犊牛的采食积极性而大量增加乳清粉的用量，忽视其他营养成分的均衡性。

综上所述：用户在选用代乳粉的时候要注意以下几点：一

是蛋白质和脂肪的含量。二是蛋白质和脂肪的来源。三是原料的质量是食品级还是饲料级。这些都对代乳粉的价格有影响。

（3）代乳粉的使用方法。

过渡问题：从饲喂初乳到代乳粉需要 3 ~ 4 天的过渡期，以便犊牛逐渐适应代乳粉，避免突然改变引起胃肠不适。基本原则是：开始喂代乳粉的第 1 天，代乳粉占 1/4，牛奶占 3/4，第 2、第 3 天牛奶和代乳粉各占一半，第 4 天代乳粉占 3/4，牛奶占 1/4，从第 5 天开始即全部饲喂代乳粉。饲喂时代乳粉应按 1 : 8 的比例用 50 ~ 60℃ 的温水冲调，注意不要用开水，否则会使脂肪和蛋白质变性，致使犊牛难以消化，反而产生腹泻价降低犊牛的发育。

三、哺乳期犊牛的管理

（一）建立牛只档案

编号、称重、记录犊牛出生后应称出生重，对犊牛进行编号，对其毛色化片、外貌特征（有条件可对犊牛进行拍照）、出生日期、谱系等情况作详细记录（详见第二章），以便于管理和以后在育种工作中使用。

（二）卫生管理

犊牛的培育是一项比较细致而又十分重要的工作，与犊牛的生长发育、发病和死亡关系极大。对犊牛的环境、牛舍、牛体以及用具卫生等，均有比较严密的管理措施，以确保犊牛的健康成长。

喂奶用具（如奶壶和奶桶）每次用后都要严格进行清洗消毒，程序为冷水冲洗→碱性洗涤剂擦洗→温水漂洗干净→晾干→使用前用 85℃ 以上热水或蒸汽消毒。

饲料要少喂勤添，保证饲料新鲜、卫生。每次喂奶完毕，用干净毛巾将犊牛嘴缘的残留乳汁擦干净，并继续在颈枷上夹住约 15 分钟后再放开，以防止犊牛之间相互吮吸，造成舐癖。

犊牛舍应保持清洁、干燥、空气流通。舍内二氧化碳、氨气聚集过多，会使犊牛肺小叶黏膜受刺激，引发呼吸道疾病。同时湿冷、冬季贼风、淋雨、营养不良亦是诱发呼吸道疾病的重要因素。

（三）健康观察

平时对犊牛进行仔细观察，可及早发现有异常的犊牛，及时进行适当的处理，体高犊牛育成率。观察的内容包括：①观察每头犊牛的被毛和眼神。②每天两次观察犊牛的食欲及粪便情况。③检查有无体内、外寄生虫。④注意是否有咳嗽或气喘。⑤留意犊牛体温变化，正常犊牛的体温为 38.5~39.2℃，当体温高达 40.5℃ 以上即属异常。⑥检查干草、水、盐以及添加剂的供应情况。⑦检查饲料是否清洁卫生。⑧通过体重测定和体尺测量检查犊牛生长发育情况。⑨发现病犊应及时进行隔离，并要求每天观察 4 次以上。

（四）单栏露天培育

为了提高犊牛成活率，20 世纪 70 年代以来，国外在犊牛出生后常采用单栏露天培育，近年来国内一些先进的奶牛场也采用了这个办法。

在气候温和的地区或季节，犊牛生后 3 天即可饲养在室外犊牛栏内，进行单栏露天培育。室外犊牛栏应保持干燥、卫生，勤换垫草。栏的后板应设一排气孔，冬天关，夏天开；或在后板与顶板之间设升降装置，夏天将顶板后部升起以便通风。犊牛在室外犊牛栏内饲养 60~120 天，断奶后即可转入育成牛舍。采用单栏露天培育，犊牛成活率高，增重快，还可促进其到育成期时提早发情。

(五) 刷拭

犊牛在舍内饲养，皮肤易被粪便及尘土所黏附而形成皮垢，这样不仅降低了皮毛的保温与散热能力，使皮肤血液循环恶化，而且也易患病。为此，每天应给犊牛刷拭一两次。最好用毛刷刷拭，对皮肤组织部位的粪尘结块，可先用水浸润，待软化后再用铁刷除去。对头部刷拭尽量不要用铁刷乱挠头顶和额部，否则容易从小养成顶撞的坏习惯，顶人恶癖一经养成很难矫正。

(六) 运动

犊牛正处在长体格的时期，加强运动对增进体质和健康十分有利。生后 8～10 日龄的犊牛即可在运动场做短时间运动（0.5～1 小时），以后逐渐延长运动时间，至 1 月龄后可增至 2～3 小时。如果犊牛出生在温暖的季节，开始运动的日龄还可再提前，但需根据气温的变化，酌情掌握每日运动时间。

(七) 去角

为了便于成年后的管理，减少牛体相互受到伤害。犊牛在 4～10 日龄应去角，这时去角犊牛不易发生休克，食欲和生长也很少受到影响。常用的去角方法如下。

苛性钠法：先剪去角基周围的被毛，在角基周围涂上一圈凡士林，然后手持苛性钠棒（一端用纸包裹）在角根上轻轻地擦磨，直至皮肤发滑及有微量血丝渗出为止。约 15 天后该处便结痂不再长角。利用苛性钠去角，原料来源容易，易于操作，但在操作时要防止操作者被烧伤。此外，还要防止苛性钠流到犊牛眼睛和面部上。

电动去角：电动去角是利用高温破坏角基细胞，达到不再长角的目的。先将电动去角器通电升温至 480～540℃，然后用充分加热的去角器处理角基，每个角基根部处理 5～10 秒，适用于 3 ~ 5 周龄的犊牛。

（八）　剪除副乳头

乳房上有副乳头对清洁乳房不利，也是发生乳腺炎的原因之一。犊牛在哺乳期内应剪除副乳头，适宜的时间是 2 ~ 6 周龄。剪除方法是将乳房周围部位洗净并消毒，将副乳头轻轻拉向下方，用锐利的剪刀从乳房基部将其剪下，剪除后在伤口上涂以少量消炎药。如果是蚊蝇季节，可涂以驱蝇剂。剪除副乳头时，切勿剪错。如果乳头过小，一时还辨认不清，可等到母犊年龄较大时再剪除。

四、断奶及断奶后的饲养

当小牛的犊牛料能连续三天达到 0.7 ~ 1 千克的水平以后便可以断奶，预定断奶的前三天应减少喂奶的量和次数来刺激犊牛采食。断奶后犊牛应继续留在犊牛栏饲喂 1 ~ 2 周，减少环境变化应激。断奶后饲喂同样的犊牛料，并开始饲喂优质的苜蓿草，注意 180 日龄内的犊牛不要喂青草和青贮，因为青草和湿的饲草犊牛采食以后会占据瘤胃空间，会影响谷物饲料的采食量，还会形成草腹。

断奶后犊牛料采食量应在一周内加倍，最高应不超过 2 千克/头/天，并保证清洁的饮水。180 日龄以后逐渐添加青贮喂量，要尽量多喂优质青、粗饲料，以便更好地促使育成牛向乳用体型发育，进一步刺激小母牛的瘤胃发育。随着小母牛的发育健康问题明显减少，这时的饲喂应侧重在如何饲喂含有足够能量、蛋白质、矿物质和维生素的经济日粮以获得理想的生长速率。一般来讲，3 ~ 6 月龄小牛的日粮中粗饲料含量为 40% ~ 80%。随着小母牛的长大日粮中的精饲料也可以相应的减少，纤维可以增加，劣质粗饲料不可以作为 3 ~ 6 月龄小母牛的日粮成分。一般来讲含有 16% 粗蛋白的精料混合料可以满足小母牛的生长需要。

五、犊牛饲养的目标

犊牛饲养的目标：在 56 天时体重达到初生重的两倍；犊牛的死亡率小于 5%；犊牛的发病率＜10%。

目的：犊牛尽早达到初配体重（14～15 月龄）；母牛初次产犊年龄提前、体重增加（23～24 月龄）；增加产奶量。

美国 NRC 标准，14 月龄体重为 370～400 千克，成年母牛体重为 650～750 千克；中国现行饲养标准 14 月龄体重为 280～350 千克，成年母牛体重为 600～650 千克。

第三节　犊牛常见疾病防治

一、犊牛下痢

(一) 病因

犊牛下痢是一种临床综合征，而不是一种独立的疾病。其原因很复杂，由于原因的不同，在临床上分为中毒性下痢和单纯性下痢。

中毒性下痢是由细菌、病毒和寄生虫感染而引起的，特别是大肠杆菌和沙门氏菌危害最大。近几年也有由于轮状病毒和冠状病毒感染而群发的报告。单纯性下痢大部分是由于母牛营养不良，犊牛饲养管理不当，犊牛组织器官发育不健全而引起的。发病以 1 月龄以内的为最多，主要是初乳喂量不足、饲养员不固定、饲养环境突变、牛舍阴暗潮湿、阳光不足、通风不良、外界环境的改变（如气温骤变、寒冷、阴雨潮湿、运动场泥泞等），都可使犊牛抵抗力降低，成为发病诱因。

（二）症状

生后 1 周龄以内的犊牛出现下痢时，突然发病，排出白色水样下痢，大多经 2~3 天即死亡。一般认为主要是由于大肠杆菌所引起，生后 10 日龄以内的犊牛症状较轻，多呈慢性经过。病初粪便呈水样，食欲减退或废绝，病情进一步发展出现鼻黏膜干燥，皮肤弹力下降、眼球凹陷等脱水症状。不久体温降低呈虚脱状态，并发肺炎等呼吸道疾病而死亡。一般认为犊牛的中毒性下痢 90% 以上是与大肠杆菌有关系的，其他大都是几种病毒混合感染。沙门氏杆菌引起的下痢，多见于生后 2~3 周龄的犊牛，其传染力极强死亡率也高。其特征是突然发病、精神沉郁、食欲废绝，体温升高至 40℃ 左右。排混有黏液和血液的下痢便，也有的引起脑炎出现神经症状，由于严重的脱水和衰弱，经过 5~6 天而死亡。

（三）防治

对发病的犊牛要立即隔离进行治疗，加强护理。治疗原则：治胃整肠、促进消化、消炎解毒，防止脱水。

（1）对下痢脱水牛，葡萄糖生理盐水 1 000 毫升，25% 葡萄糖液 250 毫升四环素 75 万 IU，1 次静脉注射。

（2）对中毒性消化不良牛，5% 碳酸氢钠液 100 毫升，25% 葡萄糖液 200 毫升，生理盐水 600 毫升，1 次静脉注射，每日 1~2 次，连续 2~3 天。

（3）伴有肺炎牛，氨苄青霉素 80 万 IU，安痛定注射液 10 毫升，1 次肌注，每日 2 次，磺胺脒、碳酸氢钠各 5.0 克，灌服。

（4）下痢带血牛，注射液 10 毫升，肌注每日 2 次，磺胺脒和碳酸氢钠各 4 克灌服。维生素 K 34 毫升肌注每日 2 次。

（5）犊牛下痢时，要减少或停止喂饲牛奶，应经口内服电解质液（GGES）。

在预防上要严格掌握以下几点。

第一，犊牛出生 1 小时内必须喂初乳，初乳量可稍大，连喂 3~5 天以便获得免疫抗体。

第二，坚持"四定""四看""二严"。四定：定温、定时、定量、定饲养员；四看：食欲、精神、粪便、天气变化；二严：严格消毒、严禁饲喂变质牛奶。

第三，要保持犊牛舍清洁、通风、干燥、牛床、牛栏、运动场应定期用 2% 火碱水冲刷，褥草应勤换，冬季要做好防寒保暖工作。

二、犊牛饮食性腹泻

（一）病因

所谓饮食性腹泻，主要是指由于饮食（乳及代乳品）不当或品质不良而造成的腹泻。

因饮食而引起的腹泻，奶牛场常称为犊下痢，为犊牛胃肠消化障碍和器质性变化的综合性疾病。饮食性腹泻为犊牛常发疾病。由于腹泻，致使犊牛营养不良，生长缓慢，发育受阻；发病以 1 月龄内最多，2 个月龄后减少；全年都有发病，以雨季和冬春季节发病最多。10 天以内的犊牛，此种症状，多与大肠杆菌感染有关。其特征是消化不良和拉稀。粪呈暗红色，血汤样，这多见于 1 个月的犊牛。粪呈白色，干硬，这与过食牛奶或乳制品有关。粪呈暗绿色、黑褐色，稀粪汤内含有较干的粪块，多见于 1 个月以上的犊牛。

（二）预后

犊牛饮食性腹泻一般全身症状轻微，当加强饲养管理，改变饮食，合理治疗，经 1~2 天可愈；但当饲养管理不当，腹泻仍可再次复发。下痢有食欲者，病程短，恢复快；下痢无食欲者，病程长，恢复慢；下痢持续或反复发生下痢者，犊牛营养不良，消瘦，衰竭，预后不良；当继发感染，犊牛体温升高，伴发肺炎者，病程长而预后不良。

（三）诊断

根据临床表现出消化不良，拉稀即可确诊。因犊牛腹泻的病因复杂，而病后表现除拉稀外，又无典型症状，因此，要注意与大肠杆菌病、轮状病毒感染，犊牛副伤寒进行鉴别。要根据病后情况如发病犊牛日龄、发病头数、发病时间、全身症状等进行综合分析。

（四）治疗

治疗的前提是加强饲养，精心护理。治疗原则是健胃整肠，消炎，防止继发感染和脱水。减少喂奶量或绝食通常可减少正常乳量的 1/3 ~ 1/2，减少乳量用温开水代替；绝食 24 小时，可喂给口服补液盐，当腹泻减轻，再逐渐喂给正常乳量。

药物治疗应根据临床症状选用。

（1）对腹泻而有食欲者，用乳酶生 1 克、磺胺脒 4 克、酵母片 3 克，一次喂服，每日 3 次，连服 3 天。

（2）对腹泻带血者，首先应清理胃肠道，用液体石蜡油 150 ~ 200 毫升，一次灌服。翌日，可用磺胺脒和碳酸氢钠各 4 克，一次喂服，日服 3 次，连服 2 ~ 3 天。

（3）对腹泻伴有胃肠臌胀者，应消除臌胀，可用磺胺脒 5 克、碳酸氢钠 5 克、氧化镁 2 克，一次喂服。

（4）对腹泻而脱水者，应尽快补充等渗电解质溶液，增加血容量。常用 5% 葡萄糖生理盐水或林格氏液 1 500 ~ 2 500 毫升、20% 葡萄糖液 250 ~ 500 毫升、5% 碳酸氢钠液 250 ~ 300 毫升，一次静脉注射，日补 2 ~ 3 次。

（5）对腹泻而伴有体温升高者，除内服健胃、消炎药外，全身可用青霉素 80 万～160 万 IU，链霉素 100 万 IU，一次肌内注射，每日 2～3 次，连续注射 2～3 天。

（五）预防

加强饲养管理，严格执行犊牛饲养管理规程，是预防犊牛饮食性腹泻的关键。

（1）出生后及时喂给初乳，以使犊牛能尽早获得母源抗体。

（2）坚持"四定"即定温、定时、定量和定饲养员。乳温恒定，不能忽高忽低；喂乳时间固定，不能忽早忽晚；喂量固定，不能忽多忽少；要选有精心、有经验的饲养员管理犊牛，要固定人员，不要随时更换。

（3）饲喂发酵初乳。初乳发酵和保存最适温度为 10～12℃，夏天可加入初乳重量的 1% 丙酸或 0.7% 醋酸以作防腐。

（4）保证饮乳质量、严禁饲喂劣质代乳品及发酵变质腐败牛奶。

（5）据报道，因缺硒能引起犊牛腹泻，对此，应在缺硒地区或因缺硒而发生腹泻的地区，可给妊娠后期母牛注射 0.1% 亚硒酸钠溶液 20 毫升，隔 0.5～1 个月注射 1 次，共注 2～3 次，以期预防。

（6）泛酸钙加入乳中饮用，每头犊牛每日 1 次，每次 50～100 毫克，从出生后第一天起饮喂，连续 45 天，可以预防腹泻。

三、犊牛副伤寒

（一）病因

犊牛副伤寒是由沙门氏菌属细菌所引起的一种传染病。主要是由鼠伤寒沙门氏菌或都柏林沙门氏菌所致。副伤寒病畜和带菌动物是本病的传染源。带菌牛的胆囊内常长期存有病原体，不断随粪便排出，污染水源和饲料而散播本病。本病主要经消化道传染，一季四季均可发生。各种年龄的牛均可感染，但幼年牛较成年牛易感，10～40 日龄的犊牛最易感。此外，带菌牛在不良外界条件影响下，也可发生内源性传染。环境污秽潮湿、棚舍拥挤、粪便堆积、饲料不足、管理不善、卫生不良及罹患其他疾病时，均能促进本病的发生和传播。

（二）症状

多数犊牛常于 10～14 日龄以后发病，病初体温升高（40～41℃），脉搏增加，呼吸快速，呈腹式呼吸，24 小时后排出灰黄色液状粪便，混有黏液和血丝，并有恶臭气味。病情严重时，出现肾盂肾炎的症状，即排尿频繁，表现疼痛，尿呈酸性反应并含有蛋白质。病犊迅速衰弱，倒卧不起，高热不退，常于 3～5 天死亡，死亡率有时可达 50%。病期延长时，腕和跗关节可能肿大，有的还有支气管炎和肺炎症状。

病理变化主要是胃肠黏膜出现炎性变化，淋巴结、脾、肝及肾肿大，肝及脾散布有灰色小坏死灶。

（三）诊断

根据流行特点、临床症状和剖检变化，同时考虑病犊的年龄，可怀疑为本病，确诊需进行细菌学检查。本病与牛球虫病、犊牛大肠杆菌病相似，应注意区别。

（四）防治

预防本病关键在于加强饲养管理，消除发病诱因，保持饲料和饮水的清洁、卫生。防止犊牛吃污染的垫草或饮污水，牛舍、用具应保持清洁，并定期进行消毒。有条件时犊牛可用疫苗预防。

对本病有治疗作用的药物很多。每次治疗不应超过 5 天，用药最好先选用一种抗生素。当使用一种药无效时，应立即改用其他药物。此外，应同时进行对症治疗。

四、犊牛冠状病毒感染

犊牛冠状病毒感染也称新生犊腹泻，是由冠状病毒所引起的新生犊牛的传染性疾病。其临床特征是腹泻。此病是奶牛和肉牛新生犊牛最常见的急性腹泻综合征的一个组成部分。

（一）病原

牛肠炎冠状病毒属冠状病毒科。病毒颗粒为多形态、略呈球形，也可见椭圆形和肾形，直径 80～160 纳米，有囊膜，外周带有 12～24 纳米的突起。突起末端呈球状或花瓣状，规则地排列成皇冠状，故称冠状病毒。

病毒的最适生长温度为 33～35℃，37℃时病毒的生长速度明显下降。对 pH 值要求高，pH 值低于 6.7 或大于 7.7 时极不稳定。

本病毒能在胎牛肾细胞培养物中复制，形成合胞体，也能在乳鼠脑中生长。

（二）临床症状

本病主要见于 7～10 日龄犊牛，吃过初乳或未吃过初乳的犊都会发病。潜伏期大约为 20 小时。初期，患犊精神沉郁、吃奶量减少或不吃奶，排出淡黄色的水样粪便，内含凝乳块和黏液。机体持续不断的腹泻是由于吃进的奶和未成熟的绒毛上皮长期存在所致。未成熟的绒毛上皮的持久存在引起了消化酶的缺乏，肠的消化吸收能力降低。随腹泻继续发展，病犊在腹泻后 2～3 天，衰弱、脱水、血液浓缩，红细胞压积增至 49%～61%（健康犊牛为 32%）。

（三）病理变化

小肠绒毛缩短，相邻的绒毛偶然融合在一起。绒毛被立方上皮细胞覆盖着，其中有的显示出冠状病毒的免疫荧光。结肠的结肠嵴萎缩，表面上皮细胞由正方形变成短柱形。分散的结肠嵴扩张，由低的立方上皮细胞覆盖。表面的和肠腺的上皮细胞都有冠状病毒的荧光。

（四）诊断

引起新生犊牛腹泻的原因较多，如轮状病毒感染、犊牛大肠杆菌等，其发病后的症状也与本病相似。因此，根据临床症状是难以做出确切的病原学诊断。

确切的诊断是粪中找到病毒，细胞培养物中分离出病毒，用免疫荧光法在绒毛上皮细胞中证明有病毒抗原及病毒中和试验等。

（五）治疗

无特效疗法，只能在疾病早期进行对症治疗。对有脱水和酸中毒者，可应用含葡萄糖的电解质溶液，如葡萄糖生理盐水以及 5% 碳酸氢钠溶液等。口服补液盐（ORS）对腹泻脱水纠正有效，但尚不能减少腹泻粪便排出量、腹泻次数或腹泻持续时间。因而应根据腹泻生理特征，改进 ORS 配方，使其不但能补充水和电解质，而且能促进肠管分泌液再吸收，以减少腹泻粪便排出量和腹泻持续时间，并能增加营养。故可用煮熟谷粉代替葡萄糖，或与甘氨酸合用，以使 ORS 的效果更好。

为防止继发感染可使用抗生素，如合霉素、庆大霉素等。

（六）预防

预防的关键在于加强饲养管理。及时的饲喂初乳，这对新生犊牛是极其重要的。因为抵抗冠状病毒的保护机制，位于犊牛的肠道中、血液中。免疫球蛋白不能给犊牛提供保护力。试验证明，出生正常的犊牛，饲喂初乳后，冠状病毒血清中和抗体效价的范围为 324～537，当它们接种该病毒后 4～5 日龄时，腹泻发生，但精神体况良好，小肠前部绒毛很少或完全未见萎缩，小肠后部则有严重的绒毛萎缩，在 12 日龄时才被接种的犊牛，产生了腹泻，小肠全部出现绒毛萎缩。

加强新生犊牛的护理，将其隔离单独饲喂，犊牛舍要保持清洁、干燥和温暖。

附件1

DB 64

宁夏回族自治区地方标准

DB 64/T 844—2013

牛人工授精技术操作规程

2013-04-16发布　　　　　　2013-04-16实施

宁夏回族自治区质量技术监督局　发布

牛人工授精技术操作规程

1　范围

本标准规定了牛人工授精技术的术语和定义、人工授精员具备条件、冷冻精液的品质要求和保存、母牛发情鉴定、人工授精操作、妊娠诊断、妊娠记录和繁殖指标计算方法。

本标准适用于母牛的人工授精技术。

2　规范性引用文件

下列文件对于本文件的应用是必不可少的。凡是注日期的引用文件，仅所注日期的版本适用于本文件。凡是不注日期的引用文件，其最新版本（包括所有的修改单）适用于本文件。

GB 4143 牛冷冻精液

GB/T 5458—1997 液氮生物容器

3　术语和定义

下列术语和定义适用于本标准。

3.1　冷冻精液解冻

冷冻精液使用前，使冷冻精子恢复活力的方法。

3.2　发情鉴定

应用外部观察法、直肠检查法等方法判断牛是否发情及发情程度。

3.3　人工授精

适时而准确地把经解冻后恢复活力的冷冻精液输送到发情母牛的子宫内，使其受胎的方法。

3.4　活力

37℃环境下，直线前进运动精子数占总精子数的百分率。

4　人工授精人员具备条件

4.1　资格要求

应取得农业部颁发的家畜繁殖工职业资格证书。

4.2　健康要求

取得健康证明，不得患有布氏杆菌病和结核病。

4.3　器械要求

应配备液氮生物容器、显微镜、输精枪、镊子、细管剪、温度计、一次性塑料外套等器械。

5　冷冻精液的品质要求和保存

5.1　冷冻精液品质

5.2　冷冻精液应来源于取得农业部颁发的《种畜禽生产经营许可证》的种公牛站或具有生产资质的企业

5.3　冷冻精液质量应符合 GB 4143 的要求

5.4　冷冻精液的保存

5.5　液氮生物容器应符合 GB/T 5458—1997 的有关要求

5.6　冷冻精液应贮存在装有液氮的液氮罐内，应完全浸泡于液氮中

5.7　液氮罐应置于低温、干燥，且避光的环境下

6　母牛发情鉴定

6.1　外部观察法

通过观察母牛的精神状态和活动状况，判断其是否发情以及发情的程度详见附录 A。

6.2　直肠检查法

通过直肠检查母牛卵泡大小、性状、变化状态，判断其发情的程度详见附录 A。

7　人工授精操作

7.1　器械消毒

7.2　输精枪等金属器械应使用电热干燥箱消毒，120℃恒温 1 小时，自然冷却后使用，或用 75% 酒精棉球擦拭消毒，待酒精挥发后使用

7.3　一次性输精外套等塑料用品应使用紫外线灯消毒。置于紫外线灯下 60 厘米处，照射 0.5 ~ 1.0 小时

7.4　冷冻精液解冻

7.5　取用时，应快速从纱布袋中的木质管取出，冻精在液氮罐颈部（距罐口 8 厘米以下）停留时间不超过 10 秒

7.6　解冻方法应符合 GB 4143 的要求

7.7　解冻后精液质量应符合 GB 4143 的要求

7.8　输精器械的使用

剪去细管精液封口，剪口断面整齐；后推输精枪推杆，将剪开的细管冻精迅速装入输精器械内；输精枪装入一次性塑料外套管内，将输精枪后部拧紧。

7.9　输精时间

母牛表现出典型的发情征状后 12 ~ 18 小时进行输精。如采用两次输精，其间隔时间为 8 ~ 12 小时。

7.10　牛体准备

7.11　将待输精母牛保定，尾巴拉向一侧

7.12　输精前母牛外阴应清洁

7.13　输精方法

输精人员一只手戴塑料长臂手套，在直肠内触摸并平握子宫颈前端，手臂往下按压使阴门裂开，另一只手把准备好的输精器自阴门向斜上方 45°，送到子宫颈外口，两手互相配合，使输精器越过子宫颈皱襞，达到子宫体，将精液缓慢注入子宫体内。

8　妊娠诊断

8.1　外部观察法

母牛妊娠后，正常的发情周期停止。表现为：性情温顺，食欲增加，被毛光泽。妊娠后期，腹围增大，腹壁右侧突出，可触摸或观察到胎动。

8.2　直肠检查法

对授精后 2 个以上发情周期未出现发情征兆的牛，根据直肠触摸子宫体大小、变化判断是否妊娠。母牛妊娠 2 个月，孕角比空角粗约两倍，子宫壁薄，波动明显。妊娠 3 个月，孕角直径 12 ~ 16 厘米，波动感明显，子宫开始沉入腹腔。

8.3　超声波诊断法

应用 B 超诊断仪检查母牛的子宫及胎儿、胎动等情况。

9　妊娠记录

记录内容包括母牛牛号、胎次、发情时间、授精时间、与配公牛号、妊娠情况、预产期等信息。

10　繁殖指标计算方法

包括第一情期受胎率、情期受胎率、总受胎率、繁殖率、繁殖成活率和平均产犊间隔，计算方法见附录 B。

附录 A

（资料性附录）

母牛发情外部表现和卵泡变化

A. 母牛发情外部表现和卵泡变化见下表。

表　母牛发情外部表现和卵泡变化

发情阶段	发情前期	发情期	发情后期
外观表现	母牛兴奋不安、游走，追逐、爬跨其他母牛，不接受爬跨	母牛走动频繁，不停哞叫，愿意接受其他牛爬跨，并站立不动	母牛由兴奋逐渐转为平静，不愿接受其他牛爬跨

（续表）

发情阶段	发情前期	发情期	发情后期
生殖器官变化	子宫颈口微开，有透明稀薄黏液流出	子宫颈口开张，有牵缕性强的透明黏液流出	黏液量少，浑浊，黏附在尾根部
卵泡变化	卵巢稍增大，新的卵泡发育，直径0.5厘米	卵泡直径1.0～1.5厘米，触摸有明显波动	卵泡液增多，卵泡壁变薄，有一压即破之感

附录 B
（资料性附录）
繁殖指标计算方法

B.1　第一情期受胎率

$$第一情期受胎率（\%）=\frac{第一情期受胎母牛数}{第一情期配种母牛数}\times100$$

B.2　情期受胎率

$$情期受胎率（\%）=\frac{受胎母牛总数}{配种总情期数}\times100$$

B.3　总受胎率

$$总受胎率（\%）=\frac{年内受胎母牛总数}{年内配种母牛总数}\times100$$

B.4　繁殖率

$$繁殖率（\%）=\frac{年内出生犊牛总数}{年初适繁母牛数}\times100$$

B.5　繁殖成活率

$$繁殖成活率（\%）=\frac{年内断奶成活犊牛总数}{年初适繁母牛数}\times100$$

B.6　平均产犊间隔

$$平均产犊间隔（\%）=\frac{个体产犊间隔总天数}{产犊母牛数}\times100$$

中国奶牛群体遗传改良计划
（2008—2020 年）

根据《国务院关于促进奶业持续健康发展的意见》（国发〔2007〕31 号）关于抓紧制定奶牛遗传改良计划，切实做好良种登记和奶牛生产性能测定等基础性工作的要求，制定本改良计划。

一、中国奶牛遗传改良现状

20 世纪 70 年代以来，我国奶牛遗传改良工作稳步推进，种公牛培育进程明显加快，以中国荷斯坦牛为主的奶牛单产水平不断提高，奶牛养殖效益不断增加，促进了奶业持续快速发展，为农业和农村经济结构调整、粮食转化增值和增加农民收入做出了重要贡献。

（一）培育了第一个中国奶牛品种

1985 年，第一个中国奶牛品种——"中国黑白花奶牛"通过国家审定，1992 年更名为"中国荷斯坦牛"。该品种是由国外引进的荷斯坦牛，经纯种繁育以及与地方黄牛进行杂交并长期选育而成。2006 年，中国荷斯坦纯种牛及杂交改良牛存栏约 1 200 万头，已成为我国奶牛的主要品种。

（二）奶牛生产水平不断发展

近年来，中国荷斯坦牛的单产水平不断提高。2006 年，全国平均单产水平达到 4 500 千克，比 1978 年增加了 1 500 千克以上。北京、上海等大城市郊区中国荷斯坦牛单产水平已经达到 6 500 千克，一些规模奶牛场已经超过 9 000 千克，接近国际先进水平。部分规模奶牛场通过奶牛生产性能测定，分析原料奶产量和成分，科学配置奶牛日粮，改进饲养管理措施，有效节约了饲养成本，提高了奶牛生产水平和经济效益。中国荷斯坦牛单产水平的提高和存栏头数的增加，促进了我国奶业的快速发展。2006 年全国牛奶产量达 3 193.4 万吨，奶牛存栏 1 363.2 万头，分别是 1978 年的 35.2 倍和 27.7 倍。

（三）种公牛站建设取得显著成绩

我国种公牛站建设从 20 世纪 70 年代开始起步，截至 2006 年年底全国有种公牛站 49 家，存栏中国荷斯坦采精公牛 1 319 头，年生产优质冻精 2 574 万剂。近年来，通过国家支持和自我发展，种公牛站基础设施明显改善，大部分种公牛站冻精生产设备达到国际先进水平，冷冻精液质量明显提高。2006 年冷冻精液合格率为 96%，比 1996 年提高 10 个百分点。

（四）种公牛培育取得积极进展

中国奶业协会自 1983 年开始组织全国联合公牛后裔测定，迄今参测青年公牛 965 头，已公布 17 批后测结果，经验证的优秀种公牛达 84 头。2007 年国家奶牛良种补贴项目优先选择 56 头有后裔测定成绩的公牛作为种源，对我国奶牛的遗传改良起到了重要作用。20 世纪 90 年代，中国奶业协会和中国农业大学等单位建立了中国荷斯坦牛 MOET（Multiple Ovulationand Embryo Transfer，超数排卵和胚胎移植）育种体系，成功选育出 18 头优秀种公牛，丰富和发展了我国奶牛育种理论和方法。

我国奶牛遗传改良工作虽然取得了一定的成绩，但无论是与奶业发达国家相比，还是与我国现代奶业发展的要求相比，仍然存在一些突出问题：一是奶牛单产水平总体偏低。近年来，我国牛奶总产量的增长主要依赖奶牛数量的增加。从 1999—

2006年，全国奶牛存栏增加了2.9倍，而成年母牛年平均单产仅增长了18%。目前，我国荷斯坦牛单产只有4 500千克，而世界平均水平为6 000千克，发达国家在8 000千克以上。二是生产性能测定工作滞后。我国奶牛生产性能测定还处在起步阶段，参加测定的奶牛数量还不到存栏数的1%；大多数奶牛养殖不能以生产性能测定为依据，进行科学饲养管理。三是缺乏自主培育种公牛能力。目前，我国种公牛自主培育体系尚未建立，90%以上的种公牛依赖国外引进。部分种公牛站后备公牛严重缺乏，面临种公牛断档问题。此外，奶牛品种登记、体型鉴定和遗传评估等工作还没有有效开展起来，影响了奶牛繁育育种相关工作的推进。

二、实施奶牛群体遗传改良计划的必要性

中国奶牛群体遗传改良计划，是指通过品种登记、生产性能测定、个体遗传评定、青年公牛联合后裔测定、人工授精技术等手段，提升牛群遗传水平，改善奶牛健康状况，提高牛群产奶水平，增强综合生产能力。实施遗传改良计划对促进我国奶业发展具有重大意义。

（一）有利于建立奶牛生产基础数据库

通过个体系谱资料记录、体型鉴定、生产性能测定，进行综合遗传评定，可以科学判断奶牛个体的种用价值，为选择建立良种核心群，培育种公牛和生产优质胚胎奠定坚实的基础。由于我国的奶牛体型鉴定体系和制度尚不健全，遗传评定工作刚刚起步，目前全国奶牛品种登记工作尚不规范，登记数据缺乏可靠性和权威性，登记牛的使用价值难以完全体现出来。尽快完成品种登记、体型鉴定和遗传评定工作规范以及相关标准的制定，推进奶牛生产性能测定，建立健全奶牛良种登记制度，可以为奶业群体遗传改良提供准确完整的基础数据。

（二）有利于增强培育种公牛的能力

种公牛遗传品质直接关系到牛群遗传改良效果，奶业发达国家的经验表明，种公牛对奶牛群体遗传改良的贡献率超过75%。选育种公牛最可靠的方法是后裔测定，即通过公牛女儿的生产成绩衡量种公牛质量。但我国的公牛后裔测定工作起步较晚，基础薄弱，主要表现在：组织机构和体系不完善；参加后裔测定的青年公牛数量少；缺乏系统可靠的生产性能测定记录，所提供的女儿性能记录数达不到准确评定种公牛的要求。因此，加快推进公牛后裔测定、遗传评定和奶牛生产性能测定，可以增强我国自主选育培育优秀种公牛能力，改变种公牛长期依赖国外进口的局面。

（三）有利于提高奶牛生产水平

良种是提高奶牛生产水平的一个关键因素。实践表明，中低产奶牛通过使用优秀种公牛冷冻精液的持续改良，可以显著提高生产水平。一头优秀种公牛通过其冷冻精液的推广应用，每年可以改良产生 7 000 头左右的优质母牛。应采取有效措施，通过良种补贴等方式，大力推广优秀种公牛冻精的使用。奶牛生产性能测定既是培育种公牛和奶牛良种登记所必需的基础性工作，同时也是提高奶牛饲养管理水平的有效手段，通过产奶量和乳成分分析，可以实现"测奶科学配料"，降低饲养成本，提高奶牛养殖效益。目前，我国奶牛生产性能测定的数量每年只有 10 万头左右，既不能满足全国牛群遗传改良的需要，也达不到提高牛群管理水平的目的。因此，实施牛群遗传改良计划有利于提高我国奶牛群生产水平。

（四）有利于促进奶业可持续发展

与国际先进水平比，我国饲养 2～3 头奶牛才相当于发达国家 1 头奶牛的产奶量，而在饲料、人工、防疫等方面的费用成倍增加，也影响了奶业可持续发展。为促进我国奶业的持续健康发展，缩小与奶业发达国家的差距，可通过实施中国奶牛群体遗传改良计划，提高奶牛单产水平，推动奶业发展由数量增长型向质量效益型转变，增强奶业发展的综合生产能力。

国外奶业发展经验表明，实施国家奶牛遗传改良计划，对于推动奶牛生产水平提高作用重大。20世纪50年代初，美国和加拿大的奶牛平均生产水平还只有5 000千克左右，两国都实施了"国家牛群遗传改良计划"，政府支持开展良种登记、奶牛生产性能测定和后备种公牛选育等工作。经过半个多世纪的不懈努力，奶牛育种体系十分健全，奶牛饲养管理水平不断提高，平均单产达到9 000千克以上。因此，可以借鉴国外奶业发达国家的经验，启动实施奶牛改良计划，加快推动我国奶牛改良工作。

目前，组织实施中国奶牛群体遗传改良计划已具备良好的基础。一是相关法律法规逐步健全。2006年7月1日施行的畜牧法和优良种畜登记规则等法律法规，对加强奶牛遗传改良、实施良种登记作出了明确规定。即将出台的《家畜冷冻精液、卵子和胚胎生产经营管理办法》，对种公牛培育、后裔测定等也作出了具体的要求。二是支持奶业发展的力度不断加大。为推进奶业发展，2007年出台了《国务院关于促进奶业持续健康发展的意见》，明确了一系列政策措施，要求扩大冻精补贴范围，加快推进奶牛育种和改良工作。三是奶业发展空间很大。2006年全国人均奶类占有量为25.1千克，仅为世界平均水平100千克的1/4，乳制品消费和牛奶生产的增长潜力很大。四是奶牛育种工作积累了一定的技术经验。从20世纪70年代以来，借鉴国外奶牛遗传改良成功做法，在种公牛后裔测定、生产性能测定等方面积累了大量的成熟技术和丰富的实践经验，具备一批从事奶牛育种的科研人员和较为健全的奶牛遗传改良服务组织和网络体系。

三、总体目标、主要任务和技术指标

(一) 总体目标

到 2020 年中国荷斯坦牛品种登记工作覆盖到全国，奶牛生产性能测定规模不断扩大，全国青年公牛联合后裔测定稳步推进，优秀种公牛冷冻精液全面普及和推广，奶业优势区域成母牛年平均产奶量达 7 000 千克，其他地区奶牛每个世代的单产提高 500 千克，奶牛遗传改良技术逐步与国际接轨，奠定奶业发展的优良种源基础。

(二) 主要任务

在牛群中实施准确、规范、系统的个体生产性能测定，获得完整、可靠的生产性能记录，以及与生产效率有关的繁殖、疾病、管理、环境等各项记录。

在牛群中通过个体遗传评定和体型鉴定，对优秀牛只进行良种登记，选育和组建高产奶牛育种核心群，不断培育优秀种牛。

组织大规模的青年公牛联合后裔测定，经科学、严谨的遗传评定选育优秀种公牛，促进和推动牛群遗传改良。

在牛群中应用和提高人工授精技术，大量推广使用验证的优秀种公牛冷冻精液，快速扩散优良公牛遗传基因，改进奶牛群体生产性能。

(三) 技术指标

通过计划的实施，构建我国完整的现代奶牛遗传改良技术规程和组织管理体系，主要内容为奶牛个体生产性能测定、体型鉴定、品种登记、公牛后裔测定、种牛遗传评定、推广使用优秀种公牛等基础性工作。计划实施具体技术指标如下：

在现有基础上年新增生产性能测定奶牛 8 万头，到 2020 年达到 100 万头。

每年新增品种登记牛 15 万 ~ 20 万头，2020 年达到 200 万头以上。

经遗传评定和选择，完成 20 万头良种牛登记。

每年进行 500 头以上青年公牛后裔测定。

通过遗传评定，年选择验证优秀种公牛 150 头。

每个世代平均单产提高 500 千克、乳蛋白产量增加 15 ~ 20 千克。

四、主要内容

（一）建立健全奶牛个体生产性能测定体系

1. 实施内容

结合全国奶牛群体遗传改良计划的实施，在奶业优势区域开展生产性能测定。

在奶业优势区域建设 14 个生产性能测定中心，购置更新相关的仪器设备；在北京建设和完善国家级奶牛生产性能测定数据中心 1 处；在北京建设生产性能测定标准样品制备中心。

制定《中国荷斯坦牛生产性能测定规程》行业标准，主要内容为测定方法、测定项目、测定设备、测定数据记录及其校正、分析、传输和存储。

制定《奶牛生产性能测定管理》规程，主要内容为测定组织形式、测定中心认证、测定人员条件、测定牛场要求、测定数据的使用。

2. 任务指标

完成《中国荷斯坦牛生产性能测定规程》的编制，并在奶牛群中推广实施；参加生产性能测定奶牛数量年增长 8 万头，到 2020 年测定规模达到 100 万头。

（二）建立健全中国荷斯坦牛品种登记体系

1. 实施内容

修订《中国荷斯坦牛》品种国家标准；制订《中国荷斯坦牛品种登记规程》，主要有登记条件、登记办法与步骤、登记内容、登记结果的公布、登记证书等。

制定《中国荷斯坦牛体型鉴定》行业标准；制定《中国荷斯坦牛体型鉴定技术规程》，主要包括鉴定方法、鉴定内容、鉴定结果的公布等；培训奶牛体型鉴定技术人员，实行持证上岗。

在全国组织开展中国荷斯坦牛品种登记和体型鉴定工作。

2. 任务指标

制定奶牛体型鉴定规程和管理办法；到 2020 年完成 20 万头中国荷斯坦牛体型鉴定。全部后裔测定公牛的女儿均应有体型鉴定的结果。每年实现 15 万～20 万头新增奶牛品种登记，2020 年达到 200 万头以上，并按全国统一编号规则操作。逐步建立中国荷斯坦牛高产核心群。

（三）建立健全种牛遗传评定和公牛后裔测定体系

1. 实施内容

制定《中国荷斯坦牛遗传评定技术规程》和管理办法。

编制和调试奶牛遗传评定动物模型 BLUP（Best Linear Unbiased Prediction，最佳线性无偏预测）计算机软件；构建并完善中国奶牛性能选择指数（China Performance Index，CPI）。

建立中国荷斯坦牛遗传评定中心，分析汇总全国奶牛遗传评定数据，计算种牛个体育种值；研究制定我国奶牛遗传评定测定日模型技术体系。

选择建立荷斯坦牛核心母牛群和种子母牛场，使用我国验证优秀种公牛，并引进外国优秀种公牛精液或胚胎，利用 MOET 等技术有计划生产和培育优秀后备种公牛。

制定《中国荷斯坦青年公牛联合后裔测定技术规程》，主要内容为后测组织、后测技术方案、数据采集、数据传输、数据分析、结果公布等。

制定《中国荷斯坦青年公牛联合后裔测定管理办法》，包括后裔测定牛场的认定，参测青年公牛的条件，奖励办法等。

对参加后裔测定的青年公牛，进行遗传缺陷和亲子鉴定 DNA 检测。

在全国范围内开展青年公牛联合后裔测定。

2. 任务指标

在数据中心和遗传评定中心，形成规范的种牛遗传评定体系，采用滚动式育种值估计方法，对有生产性能测定记录的母牛进行动态育种值预测，实时网上公布评定结果。组织开展 20 万头的中国荷斯坦牛良种登记，实行网络管理。定期对后测公牛进行育种值估计，每年两次公布公牛遗传评定结果。建立 15~20 个种子母牛场，每场饲养优秀种子母牛 200 头以上。每年组织两批青年公牛联合后裔测定，每批 200 头，根据需求逐年扩大规模，最终稳定在每年后裔测定 600~700 头的规模。每年选择验证种公牛 150 头，到 2012 年实现销售冻精的公牛都有后测成绩，到 2020 年实现种公牛冻精质量接近国际先进水平。

（四）建立健全优秀种公牛冷冻精液推广体系

1. 实施内容

修订《牛冷冻精液》国家标准。

全国每年推广 500 头以上优秀种公牛的冷冻精液。

积极开展人工授精技术人员培训，实现持证上岗。

制定《高产冻精种公牛培育技术规程》。

2. 任务指标

通过遗传改良，使每个世代的单产提高500千克、乳蛋白量产量增加15~20千克，使奶牛配种情期受胎率提高5个百分点。到2012年未取得后裔测定结果的公牛，所生产的冻精一律不允许经营销售。

五、保障措施

（一）加强遗传改良计划的组织领导与协调

中国奶牛群体遗传改良计划是一项系统工程，具有长期性、连续性和公益性。各有关单位和部门要积极争取广泛的支持，确保工作开展的连续性，切实做好中国奶牛群体遗传改良计划的组织实施与协调工作。农业部成立中国奶牛群体遗传改良计划工作小组和专家小组，组织与协调全国遗传改良计划的实施。各级畜牧主管部门和技术支撑部门及中国奶业协会负责中国奶牛群体遗传改良工作的具体实施，组织开展奶牛生产性能测定、品种登记和后裔测定等工作。

（二）完善与遗传改良计划相关的法规和标准

深入贯彻实施畜牧法，进一步完善相关配套管理法规。加大畜牧法及其配套法规的执行力度，加强对种公牛站生产与经营活动的管理。积极开展品种登记、生产性能测定等工作，抓紧制定和完善中国荷斯坦牛标准，以及种公牛饲养、种公牛后裔测定、良种登记等相关标准及规程。

（三）依靠科技进步提升育种水平

在奶牛遗传改良工作中，应加大相关科学研究和推广的投入力度。针对当前奶牛育种与改良中存在的问题，组织开展攻关研究，及时将研究成果推广到全国的种公牛站和奶牛良种繁育场。要大力推广先进实用的饲养管理技术，充分发挥奶牛遗传改良潜力，提高奶牛整体生产水平。

（四）加大遗传改良计划实施的资金支持

充分发挥公共财政资金的引导作用，吸引工商资本、社会资本投入奶牛育种行业，建立多元化投融资机制。实施奶牛种公牛站、生产性能测定中心、种子母牛场等重点建设项目，完善育种选育的基础设施，优先支持参加奶牛育种的企业和单位改善基础设施条件。加大奶牛良种冻精补贴、品种登记、奶牛生产性能测定等工作的财政补贴力度，建立完善遗传改良数据库，推广优良遗传物质。

（五）提高种公牛站的市场竞争力

加快国有种公牛站的体制改革，实现企事分离，逐步建立现代企业制度，不断完善经营机制，提高经营效益。扶持一批综合实力强的种公牛站，鼓励"产学研"结合，借助教学科研院校的技术力量，提高企业自主培育优秀种公牛的能力和生产科技水平，培育具有国际竞争力的大型育种公司。鼓励有实力的大型育种公司与奶牛养殖场结合，推进奶牛育种工作。

（六）完善奶牛良种市场信息平台

奶牛良种市场与信息网络体系建设对促进奶牛良种产业化、加速奶牛遗传改良都具有重要的作用。要加强奶牛品种登记、生产性能测定、种公牛信息网络建设，培养一批统计分析专业人员队伍，及时发布相关信息，指导奶牛养殖生产和科学选种选配。

（七）充分发挥畜牧技术支撑部门和奶业协会的作用

各级畜牧技术支撑部门及奶业协会具体负责荷斯坦群体遗传改良工作的具体实施。发挥各级畜牧技术支撑部门的指导作用，做好实施中国奶牛群体遗传改良计划的组织协调、技术服务等工作。发挥中国奶业协会在实施奶牛群体遗传改良计划的主体作用，具体开展生产性能测定、制定品种标准、开展种公牛选育和品种登记、促进国际交流与贸易等方面的工作。

（八）加强国际交流与合作

在加强国内奶牛遗传改良工作的同时，要积极引进国外优良品种资源和先进生产技术，鼓励国内种公牛站与国外企业和育种公司通过合作、合资等方式建立良种繁育场，开展育种技术合作，促进我国奶牛育种产业与国际接轨。要重视与加强技术人员与管理人员的培养，开展广泛的国际交流和技术合作，提高我国奶牛育种的技术与管理水平。积极争取加入国际奶牛育种组织，实现国内育种数据与国际遗传评定接轨。

注：中国奶牛主要包括中国荷斯坦牛、乳用西门塔尔牛、奶水牛、褐牛和三河牛等品种，其中荷斯坦牛是中国奶牛的主要品种，占奶牛总存栏量的 80% 以上。本改良计划特指中国荷斯坦牛，其他奶牛品种遗传改良参照执行。

参考文献

储明星，师守堃，等．1999．奶牛体型线性评定及其应用［M］．北京：中国农业科技出版社．

罗晓瑜，温万，等．2011．奶牛饲养与疾病防治［M］．银川：阳光出版社．

王瑜，温万，等．2013．奶牛生产性能测定技术［M］．银川：宁夏人民教育出版社．

张胜利．2006．良种奶牛繁育新技术—国家星火计划培训丛书［M］．北京：台海出版社．

张廷青．2014．张博士实战解析—奶牛高效繁殖［M］．北京：化学工业出版社．

张文志，付丰收，查宏斌，等．2006．中国荷斯坦牛体型线性鉴定性状及评分标准［R］//第二届中国奶牛发展大会专题报告．北京：中国奶业协会．

张沅，张勤．2012．奶牛分子育种技术研究．奶牛分子育种技术研究［M］．北京：中国农业大学出版社．